猫为什么总能四脚着地

WHY CATS LAND on THEIR FEET

有趣的物理学悖论和谜题

And 76 Other Physical Paradoxes and Puzzles

[美] 马可·利维
Mark Levi
/ 著

曾早垒　梁萌　张恒
/ 译

重庆大学出版社

目录

第1章

有趣的物理学悖论、谜题

1.1 引言/介绍

好的物理学悖论就是一个惊喜、一个谜题和一堂好课。悖论是什么?悖论包括论据和推理看起来无懈可击令人信服,结论却是错的,也包括论据看上去好像是错的或让人倍感惊讶,结论却是对的,这两种情况。找出其中的错误(或者解释清楚为何让人惊讶)的过程,才最令人着迷。

解决悖论不仅有趣,而且还能训练直觉、逻辑以及批判性思维。通过思考悖论,可以更好地识别谎言。一个好的悖论还会教会我们谨慎和谦卑,它告诉我们即使在相对简单的基础物理问题上,也很容易出错。知道一些非常聪明的人也会在看似简单的基础物理问题上犯错,真是让人感觉松了一口气。其他一些比物理学[1]处理的问题更复杂的领域,如天文学、生物学、医学、经济学、天气学、政治学和传媒学等,会有更大的容错空间。而且,有些"错误"也是有益的,至少在当下看来是如此。

---

1 我在这里指的是第8章8.5节的吊索问题,在该问题上,岩石在一秒后达到无限的速度。

我写作此书的目的主要是分享想象事物运作规律的乐趣。有些悖论甚至还能在不涉及令人头痛[1]的数学运算的情况下让你学一些物理学的知识[2]。

本书中所涉及的谜题都与物理学相关——这是一门需要用两条腿来走路的学科，其中一条腿是数学，而另一条则是物理直觉。遗憾的是，在学校教育中，这门学科经常是一瘸一拐的。

以音乐做类比。如果音乐课是用通常教授物理的方式来教授的话，那么我们就是只学音符而不学它们产生的旋律。对许多物理学专业的学生而言，这一学科被简化为一堆公式，而在现实过程中，解决某个物理问题，就是找到匹配的公式。这样看来，也难怪，这些学生的天赋被扼杀了。

直觉是第一位的。训练读者的物理直觉是阅读本书的悖论谜题带来的一个实在好处。太多的物理学课程都不重视直觉，只重视寻找匹配实际情况的物理公式。而本书的例子正好相反，我尽量让公式更少，直觉更多。例如本书中关于陀螺的讨论，我在书中对陀螺保持直立的原因做了一个无公式的解释。如果要写出陀螺运动的微分方程，并了解如何从这些方程中推导出其稳定性，需要多年的数学和物理的学习。而在这漫长的学习结束后，很少有学生能直观地理解，为何陀螺可以保持直立。在整个学习过程中，最强大的工具——我们的物理直觉，一直都没有发挥作用。

1　我提到“令人头痛”一词时，并不只是说说而已，数学对我来说当然是不可或缺的，也是美丽的，因为这是我的工作。

2　这并不是对各种科学所展示的相对难度的陈述。我只是指出了一个事实：物理学家处理的对象（如晶体）比生物学家（如细胞）要简单。

1.2　背景

本书的大部分内容(但不是全部),应该可以被没有接受过正统物理学专业培训的读者接受。书中用到的物理概念在附录中都有解释。本书所涉及的数学知识大都没有超出代数的范畴,只有几个例外使用到了微积分。即便如此,愿意相信一点数学的读者也不应该被这些参考文献难住[1]。

被任何令人惊讶的事物吸引,是大多数哺乳动物的一种本能。通过驱使我们去探索,这种本能也帮助我们生存下来,当然也有一些例外,比如达尔文奖[2]的得主们,或是自我毁灭的勇者们。驱使爱因斯坦做出伟大发现的本能,也驱使一个好奇的孩子去看看机械钟表里面是什么,这样的本能甚至还会驱使小狗和人类幼崽去探索这个世界。在某些人身上,这种本能是如此强烈,以至于能在教育体系中保留下来。

1.3　来源

本书是在我父亲的提议下,从我很久以前就开始收集的谜题中逐渐积累起来的,我在高中上过毛细管效应课后就曾想到一个谜题(见 11.1 节),并告诉了我父亲。虽然本书中的一些谜题是我自己设计的,但很可能其他人在我出生之前就想到过这些谜题或是类似的东西了。要是我知道某个谜题的作者或是出处的话,我会加以标注。

1　例如,2.1,2.3,2.4,3.1.3.2,3.5,3.6,4.1,4.2,4.4—4.6,5.3—5.8,6.6,6.7,6.10—6.12,8.2,8.5,8.6,9.4,11.1,12.3,13.2,14.6,14.8 节。

2　达尔文奖是为"通过愚蠢的方式毁灭了自我,为人类进化(达尔文理论)做出深远贡献"的人颁发的奖项。这是一个带有恶搞性质的奖项,如果你是达尔文奖的获得者的话,恐怕你已经是一具尸体了,情况好的话可能也已经是半身不遂了。——译者注

参考文献。幸运的是，基础物理学的许多知识都是可以在没有任何公式的情况下，被理解和欣赏的，就像那些著名的畅销书所证明的一样。这些书籍包括吉尔·沃克的《物理马戏团》、爱因斯坦的《思考物理学》、贾戈兹基和波特的《疯狂物理学》，以及佩雷尔曼的经典著作《趣味物理》。遗憾的是，马科维茨基那本在苏联销量超过一百万册的、读起来朗朗上口的书《寻求本质》似乎没有英文译本。明纳特的《户外的光与色》一书专门讨论自然界中的光学现象，永远不会过时，并会给任何有幸打开它的好奇者带来愉快的阅读体验。

第 2 章

外太空的悖论

2.1 航天飞机里的氦气球

问题：如图 2.1 所示，两名宇航员艾尔和鲍勃被绑在太空舱的两端。艾尔拿着一个装满氦气的大气球，一切都处于静止状态。现在艾尔推动气球，气球开始移向鲍勃。在太空舱外的太空中盘旋的观察者看到，太空舱会向哪个方向移动呢？既然宇航员都绑在舱壁上，我们就把他们当成太空舱的一部分。

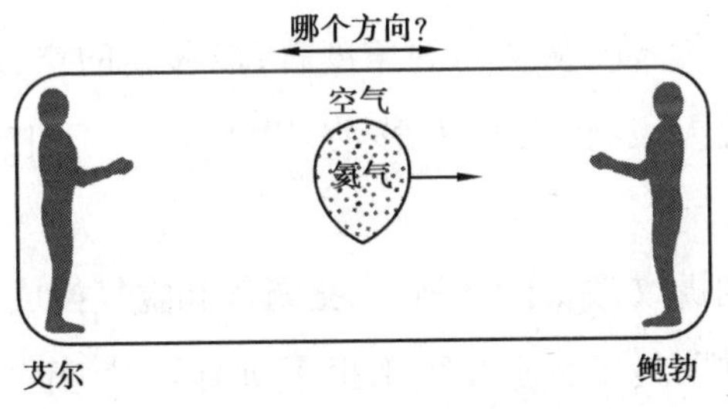

图 2.1　艾尔推动气球后太空舱往哪边移动

一个合理的猜测。根据牛顿第三定律得知“作用力等于反作用力”，艾尔向右推气球时，气球会把他推回来。既然气球向左推艾尔，他和航天飞机就会向左移动。这样说对吗？

答案：其实不对：太空舱也会向右移动！

用质心不变原理解释：由于没有外力作用，整个系统（太空舱和里面的东西）的质心是固定的（本句所有概念在附录中均有解释）。现在，从艾尔的角度看，舱内运动情况如图 2.2 所示。气球质量比它所置换的空气质量要小得多，因此在艾尔看来，质心向左移动。然而，没有外力作用，整个系统的质心固定在空中。因此，在外部观察者看来，艾尔本人和太空舱都是向右移动的。

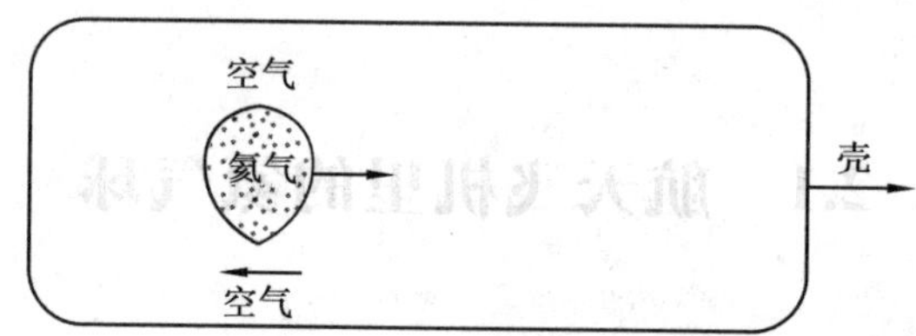

图 2.2　以太空舱（和艾尔）为参照系看运动情况

我们的错误在于太过关注气球而忽视了更庞大的空气，空气向左移动就代替了移动的气球。

用动量守恒定律进行等价解释：正如附录 A2—附录 A4 中所解释的，质心保持不变相当于动量为零。从艾尔的角度看，被移走的空气向左运动。这表明艾尔自己（和航天飞机）在向右移动，以抵消空气的向左运动，让动量为零。

将质量比做到极致，如图 2.3 所示，把氦气和空气换成氦气和水，所有直观感受就变得非常明显了。水几乎承担了所有质量，基本上保持在原地不动。因此，在氦气泡被推向右移动时，舱体（质量忽略不计）将向同一方向移动以容纳氦气泡。

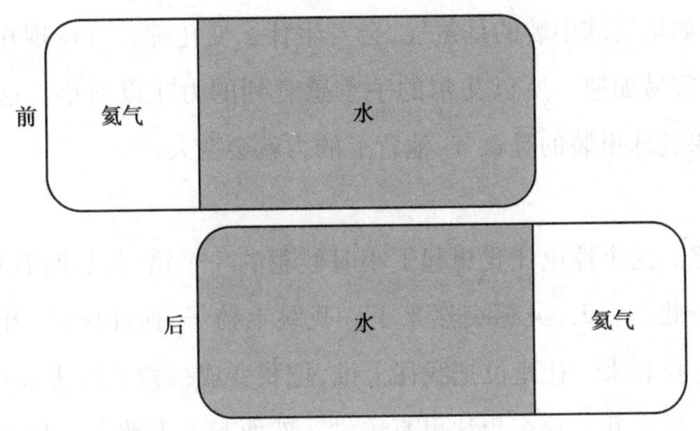

图 2.3　水停留在原地；近乎无质量的舱体向右移动

一个挥之不去的疑问：以上答案是正确的，但我在前面的"一个合理的猜测"中不是推了相反的答案吗？那个"推理"错在哪儿呢？

答案：错就错在没有考虑到艾尔身上所有的力，忘记了他从舱体上感受到的力！事实上，艾尔对气球的推力是通过空气传递给舱体的，于是艾尔的后背感受到了推力。出乎意料的是，这个推力比他对气球的推力还要大。实际上，他在推气球时，后背就感受到了更大的推力。这确实让人颇感意外（尤其是对艾尔而言）。但这到底是怎么回事儿呢？下面这一段话能直观地对此做出解释。

如何用膝盖踢到自己的屁股？这段简短的内容，解释了为什么艾尔感受到舱体对其后背的推力，大于他推动气球的力。为了更容易地"感受"这个经过，我们暂时换个方式提问：想象一下，气球里装的不是氦气，而是空气。现在，当艾尔推动气球时，他只是将太空舱内的空气进行重新排列。[1] 重新排列舱内的空气，并没有改变空气的质心，因此舱体和艾尔都不会动。根据牛顿定律，艾尔所受合力为零：他的手掌和背部感受到的力大小相等，方向相

1　我们假定气球本身无质量。

反。现在,如果气球中装的是氦气,会发生什么变化呢？气球现在的惯性较小,因此更容易加速。所以艾尔的手掌感觉到的力比以前小。这就解释了为什么如果气球里装的是氦气,他背上的力就会变大。

儿时的记忆。这个悖论让我想起了小时候犯的一个错误,那时我特别想飞,整天沉迷于此。一天,灵感突然来了。我跳上椅子,抓住座位,开始用尽全身力气把它拉起来。让座位把我往上推,把我变成一枚人体火箭(椅子腿像卫星天线一样张开),这个想法可真绝妙。然而起飞失败了。我忽略了一个事实,那就是我的双臂(间接地)连着我的屁股(现在看来真是显而易见的,也是无比幸运的),屁股给座椅施加的向下的力抵消了双手向上抬的力,而我当时忽略了这一点。现在,这与舱体悖论的相似之处就很明显了。正如"一个合理的猜测"中的推理一样,我没有把所有的力都计算在内。连接推气球的人与气球的不仅仅是手,气球还受到推球人的后背的推力,这股推力是通过空气和舱体传导出来的,在最初的讨论里,另一个连接点发出的力就被忽略了。

2.2 不用喷气飞机的宇宙航行

问题:在没有喷气飞机、太阳风或其他动能手段推进的情况下,卫星能改变其绕地轨道吗？可以使用太阳能电池板收集太阳能。

提示:想想看,引力大小是由卫星与地球的距离决定的,而且卫星绝不只是一个质点。

答案:最简单的卫星运动就是一根电缆连接两个质点的运动。用太阳能电池驱动电机,可以改变电缆的长度。如图 2.4 所示,卫星开始绕着地球运行并自转。

结果就是,适当调整电缆长度,可以让卫星轨道升高或降低! 想知道是怎么做到的? 那现在假设卫星绕地球运行并自转,如图 2.4 所示。我们的任务是(比如说)让卫星下降到一个较低的轨道。要达到这一目的,就按照图 2.5 的指示做:电缆指向地球方向时,缩短电缆;电缆接近垂直方向时,延长电缆。自转时多次重复动作,就能让卫星降低。要让卫星升高的话,就反过来进行。

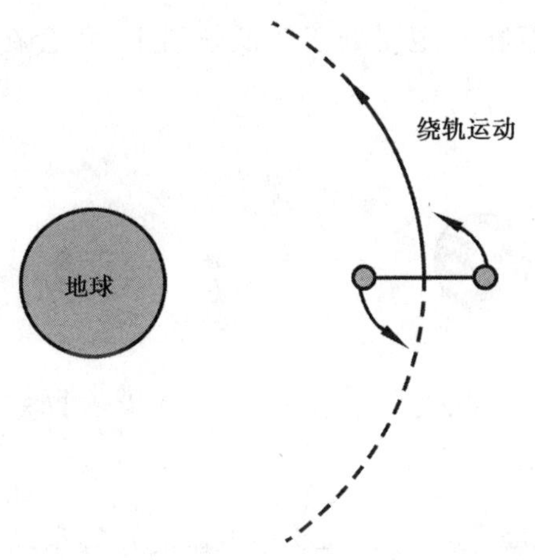

图 2.4　可调节电缆长度的"哑铃"式卫星

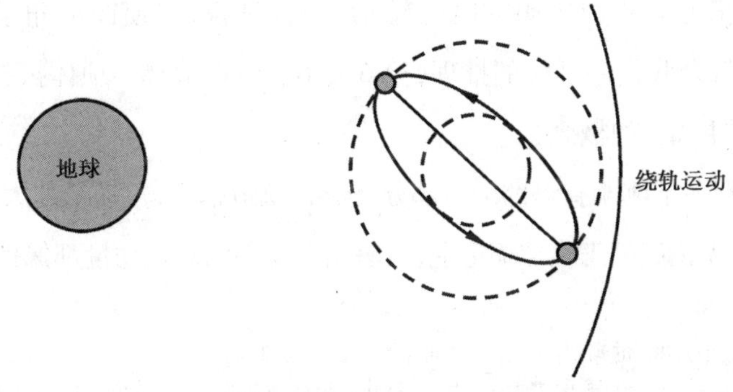

图 2.5　要让卫星下降至较低轨道,就在电缆指向地球方向时缩短电缆

简要解释：自转运动会让电缆受到离心拉力，但又不只有这个力，如图 2.6 所示，与潮汐效应类似，这种拉力会略有变化。

如图 2.6 所示，因为质点 A 和 B 到地球的距离不同，所以电缆在 A 和 B 两点受到的拉力不同，当电缆拉伸形成的直线方向指向地球时，此时拉力最大。[1] 那么这种拉力变化就可以用来为卫星自转加速：拉力增大时，缩短电缆；拉力减小时，延长电缆，这样我们就做了功。这个功会让卫星自转得更快。[2] 由于总的角动量守恒，自旋角动量增加，那么轨道角动量[3]就会减少。轨道角动量减少，就意味着卫星处于较低轨道上，我会在后面两段阐释这一点。

图 2.6 作用在 A 上的重力拉力比作用在 B 上的大，所以会给绳施加张力

用“拖尾”现象进行解释：要理解图 2.5 中卫星的自旋角动量为什么会增大，下面有一个简单的替代方法。想象一下，我们沿着图 2.5 所示的路径，将哑铃上两个球的质量忽略不计，这样就用一个“钢丝圈”代替了移动卫星。关键在于，这个圈相对于地球是倾斜的，离地球越近，引力越大，由此就产生了力矩。这个扭力会让钢丝圈逆时针转动，也就是说，它使圈的角动量增大了——这也符合我们一开始的推理（第 6 章 6.3 节在解释一项体操技能时也用到了类似“拖尾”的概念）。

现在解释一下刚刚省略的细节部分，包括“轨道越高，角动量越大”这一关键点。其实，无论我们怎么伸缩电缆，卫星相对地心的总角动量都保持不变：

1　地球沿“地月线”的潮汐拉力也是由同样的效应引起的。

2　荡秋千也是一个道理：引力增大，阻力增加时，把腿抬起来；引力减小，阻力变小时，把腿放下去。这样身体做的功就变成了秋千摆动的动能（更详尽的讨论参见第 6 章 6.1 节）。这个秘诀（“高买低卖”）可以有效增加动能，但如果是投资的话，可就要亏本了。

3　角动量的背景知识，请参见附录 A6。

$$M=M_{自旋}+M_{轨道}=常量$$

由于卫星重力点直指地心，地球对卫星施加的力矩为零。[1] 因此，增加自旋角动量，轨道角动量（即绕地球旋转的角动量）就减少了。而轨道角动量与轨道半径 r 有以下直接联系：

$$M_{轨道}=k\sqrt{r} \tag{2.1}$$

式中，$k=m\sqrt{GM}$，这里的 m 是卫星质量，G 是万有引力常数，M 是地球质量。[2] 根据公式，轨道角动量减小，半径 r 也减小，这就证实了之前的说法：卫星自转加速，轨道角动量减小，卫星下降。

其他练习：其实，还有很多方法，比如，改变轨道的离心率。怎么做到这一点呢？还是把这个挑战留给读者吧。

2.3　彗星的悖论

说起导弹运动，人们广泛认可的观点就是：水平方向上没有作用力（空气阻力忽略不计），所以导弹的水平速度保持不变。现在，试着把这一推理延伸到外太空吧。

1　地球不是一个正球体，所以这并不完全正确，但忽略这个难题吧。

2　其实对于半径为 r 的圆周运动，定义是这样说的：

$$M_{轨道}=mvr \tag{2.2}$$

式中，v 是速度，根据牛顿第二定律，它由 r 决定。根据该定律，向心加速度（v^2/r）由重力决定，公式如下：

$$\frac{mv^2}{r}=\frac{GmM}{r^2} \tag{2.3}$$

这样 $v=\sqrt{GM}/\sqrt{r}$，把这个公式代入式（2.2），得到式（2.1）。

彗星绕太阳公转，太阳对彗星有引力，只是轨道不是圆形的：引力方向始终直指太阳（见图 2.7）。换句话说，太阳引力在垂直于太阳-彗星线方向上的分量为零：$F_{\perp}=0$。根据牛顿第一定律（外力为零说明速度保持不变），可以得出结论：既然垂直方向上的力为零，那么该方向上的速度 $v_{\perp}$ 保持不变。接下来，我们再看看第二种想法：彗星的角动量[1]是守恒的：

$$M = m\,v_{\perp} \cdot r = 常量$$

式中，r 是彗星到日心的距离。r 随彗星绕椭圆轨道运动而变化，因此要保持 $v_{\perp} \cdot r$ 乘积不变，就必须改变 $v_{\perp}$。如果以上两种想法中有一种是正确的，那会是哪种呢？

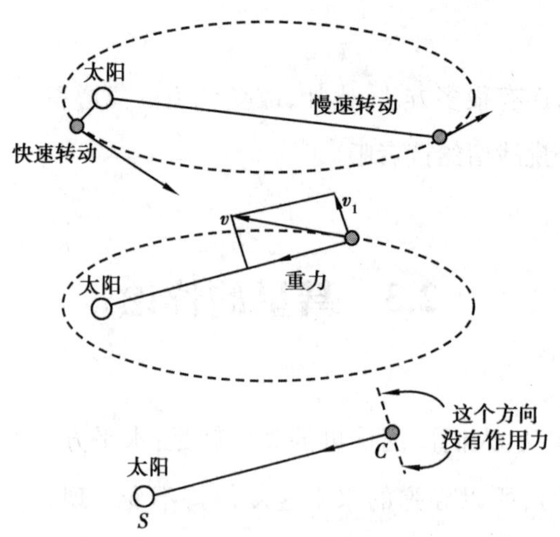

图 2.7　（1）垂直于线段 SC 方向上没有作用力，$v_{\perp}$ 会保持不变吗？

（2）彗星离太阳越近，太阳-彗星线旋转越快

解决办法：第一种观点错了：我故意说错了牛顿第一定律，其实这个定

1　有关角动量的定义及背景知识参见附录 A6。

律只适用于惯性参考系。说得含蓄点儿，我把 *SC* 当成了惯性参考系[1]的坐标轴，但在这里，轴是转动的，因此肯定不是惯性参考系。

2.4　加速反而导致减速

问题：一艘宇宙飞船正沿圆形轨道绕行星飞行。宇航员想要进入更高的轨道，于是启动喷射器，推动飞船前进（见图 2.8）。飞船一进入更高的圆形轨道，喷射器就会关闭。燃料燃烧过程中，飞船就像被往前推了一下，那现在它的速度是不是比开始时快呢？

答案：实际上飞船速度变慢了。

解释：回想一下骑自行车上坡的情形，那这个事儿就没那么奇怪了：上坡时用力踩踏板，自行车还是会变慢。这正是宇宙飞船的情况：进入更高的轨道就和骑自行车上坡一样。推力并不是用来加速的，而是用来克服引力的。飞船获得势能的同时失去了动能，但它得到的比失去的更多。

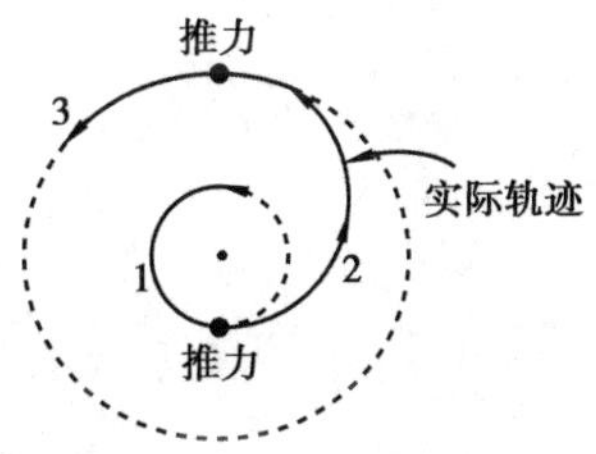

图 2.8　向前推进会导致速度变慢。图中，飞船被短暂向前推进了两次，结果轨道升高，速度减慢

1　惯性参考系就是不考虑加速度、不考虑旋转的参考系。牛顿第一定律的更多细节，参见附录 A1。

轨道半径 r 究竟是怎么决定轨道速度 v 的呢？答案就是：

$$v = \frac{k}{\sqrt{r}}$$

式中，$k=\sqrt{GM}$；这里 G 是万有引力常数，M 是行星质量。根据牛顿第二定律 F = ma，在圆形轨道上时，引力 $F = GmM/r^2$ 会产生向心加速度[1] $a = v^2/r$：

$$m\frac{v^2}{r} = \frac{GmM}{r^2}$$

式中，m 是卫星质量，G 是万有引力常数。我们求解卫星的绕轨速度 v：

$$v = \sqrt{\frac{GM}{r}}$$

从这个公式确实能看出，提升轨道高度，也就是增大 r，卫星速度就会变慢。

1 向心加速度就是指向中心的加速度，更多细节及背景知识参见附录 A7。

第3章

旋转液体相关悖论

阿基米德发现了著名的阿基米德定律:放在液体中的物体受到向上的浮力,其大小等于物体所排开的液体重力。[1]

在地球这样的旋转世界里,阿基米德的浮力定律有了一些变化,还有了一些惊人的表现形式,一个是下面讲到的浮动软木塞悖论,另一个是冰山悖论(见3.6节)。

3.1 浮动软木塞悖论

实验:所有小孩儿做梦都想有个游乐园,还是带旋转泳池的那种,哪怕是成年人也有这个梦想。我脑海中浮现出这种游泳池,打算在微积分课上演示

---

1 下面这个思维实验就可以解释为什么浮力定律是正确的。比如我想解释一下,为什么池底的保龄球所受浮力等于这个球排开的水的重力。既然是个思维实验,那咱们就想象一下,用形状相同的水球来代替这个保龄球。假设池中的水静止不动,那水球也会静止不动,可以得出结论:重力正好抵消了水球的浮力。所以至少对水球来说,浮力等于水的重力。而浮力大小只由物体形状决定,因此水对保龄球的浮力也是一样的,这就证明了阿基米德定律。简而言之,阿基米德定律归结为以下两点:(1)不受干扰时,静止的水会保持静止;(2)物体受到的浮力大小只由物体的形状决定,与材料无关。

这一现象:在转动的碗里,水面形状呈抛物面。在大沙拉碗中装满水,然后放在唱片机的转盘上,效果非常好。一分钟左右,水的转速就达到了 33 转/分,水和碗一起转动,形成了一个整体,而水面变成了完美的抛物面,正闪闪发光。

接着,我只是出于好奇,把一个软木塞放在倾斜的水面上。我本以为软木塞会停留在斜面上——这看着多有意思啊,我还可以想象自己就漂在一个旋转的池子里——这种经历肯定很有趣吧！但接下来,软木塞的运动轨迹却出人意料:它慢慢向抛物面底部漂去,然后停在那儿了。我想,也许是空气阻力的缘故吧。我也不确定是不是这个原因,但还是用透明塑料膜把碗盖住了。软木塞慢慢漂到碗壁,这时我打开了马达。同样的事情又发生了！所以,软木塞漂向碗的中央不是因为空气:空气转动的时间比水更早,而空气的内部运动比水的内部运动消失得更快。如果用黏度-密度比来衡量的话,其实空气的黏度比水的黏度更大。[1]

问题: 软木塞为什么会向碗底漂去?

解释移动原因:想象一下,我们自己就身处转盘的旋转范围内。如图 3.1 所示,水珠 B 和软木塞排开的水珠很相似。在旋转范围内,水珠 B 处于静止状态,这意味着离心力[2]抵消了浮力的水平分量。现在,想象水珠 B 慢慢膨胀,变成一个软木塞,同时其水下形状又保持不变。在此过程中,水珠 B 中的粒子越来越接近轴线,所受离心力也越来越小,而浮力并未改变。两种力失衡,就会将软木塞推向轴心。

---

1 这种相对黏度被称为运动黏度,是黏度与密度之比,在标准符号中用 $v=\mu/\rho$ 表示。跟乔·凯勒学流体力学的时候,他就告诉过我们,如果有人跟我们打招呼说:“有什么新鲜事吗?”我们可以回答:“mu over rho。”(“mu over rho”发音与“new”相同,用作答语,表示“有啊,有新鲜事。”)

2 关于离心力的讨论参见附录 A8。离心力是一种虚构的力,产生原因是参照系里没有惯性。

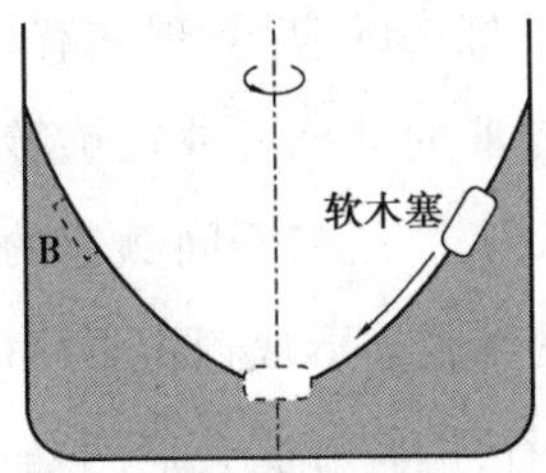

图 3.1　软木塞所受浮力（右）和点状水珠所受浮力（左）相同，但软木塞的中心更靠近轴心，离心力更弱，因此出现了漂移现象

3.2　抛物面镜和两个厨房里的谜题

抛物面镜：望远镜的镜面形状是抛物面（抛物面是抛物线绕其对称轴旋转所扫过的表面）。抛物面之所以这么有用，是因为它能将平行于轴线的光线束聚集到一点。[1] 在所有平面中，只有抛物面有这种聚焦特性。特别巧的是，大自然给出了一个简单的方法来造出抛物面，那就是转动液体，水面自然就变成了抛物面（见图 3.1）。

慢慢冷却旋转容器中的熔融玻璃，无须任何加工，我们就可以得到一个漂亮的抛物面。在这方面，大自然简直就是计算机模拟软件和数控车床的结合体。

厨房里的秘密：把明胶混合液倒进碗里，再把碗放到旋转的转盘上，旋转至明胶凝固，凝固后，明胶表面就是一个漂亮的抛物面。朋友们可能会有些疑惑（也许还有点儿担心），大概会觉得，这些压痕这么光滑，你肯定花了好几个小时来精心准备。接下来，你就可以在这个抛物面形状的碗里盛满鲜奶油，来招待客人啦。

1　窃听用的麦克风天线、卫星天线等天线的形状都是抛物面，其原因亦是如此。在抛物面的焦点处放一个传感器，就能接收所有从天线反射来的“光线”。

泰勒-普劳德曼定理在烹饪中的应用：现在有个方法，可以用明胶做出有趣的带色图案，将装有明胶液的玻璃杯放在旋转的转盘上，停留几秒钟，让杯子跟着转盘转动，然后倒入一两勺不同颜色的明胶。两种液体会混合在一起，可神奇的是后倒入的明胶会形成窗帘形状的波浪卷。等凝固后，把这个奇特的图案拿给朋友们看，他们可能会猜测是不是旋转所致，但多多少少还是会有些困惑（希望不会让你们友谊的小船说翻就翻）。

这种神奇混合图案的成因就是流体的陀螺效应，泰勒-普劳德曼定理对此有所涉及，大致来说，该定理指出，快速旋转的流体得到一个有方向的“稳定力”，就像流体变成了平行于旋转轴的“牙签”。与流体的内部速度相比，转速越快，稳定性越好。

这种陀螺效应对大气运动和海洋运动都起着一定的作用，G.K.巴切勒的经典著作《流体动力学引论》对此有更详尽的讨论（这部分直观易懂，不会用到微积分）。

3.3 抛物面之谜

问题：想象一下，有杯水正放在转盘上，如图 3.2 所示，旋转的水面就是一个抛物面。也就是说，沿旋转轴的垂直面将抛物面切开，就能得到抛物线 $y=kx^2$，抛物线的开口大小由 k 决定，而 k 又由转盘的角速度[1] ω 和重力加速度 g 决定：

$$k=\frac{\omega^2}{2g} \tag{3.1}$$

1 参见附录 A7。

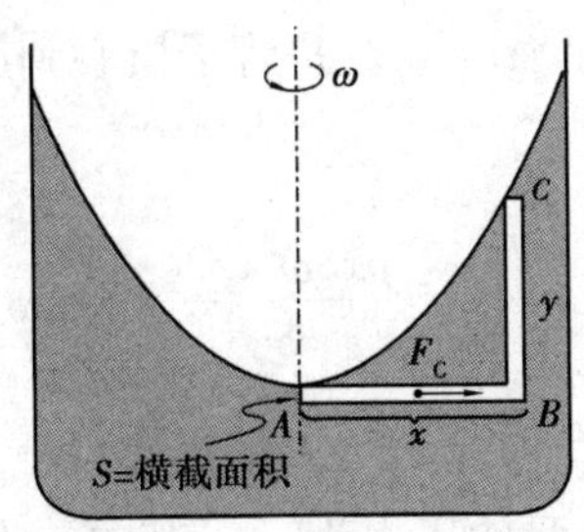

图 3.2　曲面的抛物线形状示意图

月球上的重力加速度大约是地球上的 1/6,也就是说,月球上的抛物面会比地球上的抛物面陡峭 6 倍;在木星上,抛物面会平坦 2.5 倍。要是把转盘转速从每分钟 33 转上调到每分钟 78 转,k 就会增大将近 6 倍,这和在月球上转动转盘的效果一样,成本可低多了。

明明有无数种形状,为什么水最终成了抛物线形的呢?不用微积分进行解释,也能很快讲清楚,唯一需要的背景知识就是,做圆周运动的质点 m,或沿半径 r 旋转的质点 m,所受离心力为:

$$F_{向心力} = m\omega^2 r \tag{3.2}$$

这在附录 A8 有解释。

问题在于找到离轴线任意距离 x 的深度(见图 3.2)。要解决这个问题,有个简单的关键点。

柱体 AB 所受的离心效应在 B 处形成了一个抬升压力,这个压力将柱体 BC 向上托起:

$$P_{AB} = P_{BC} \tag{3.3}$$

一方面,B 处的压力 P_{AB} 等于水平管 AB 所受离心力 F_c 除以管子的横截面积 S:$P_{AB} = F_c/S$。现在,离心力 $F_c = m\omega^2 r$(在附录 A8 有解释),式中,管子

的质量 m=密度·体积=ρxS；$r=x/2$，是管子质心到旋转轴的距离。因此，

$$P_{AB}=\frac{F_{AB}}{S}=\frac{\rho xS\omega^2x/2}{S}=\frac{1}{2}\rho\omega^2x^2$$

另一方面，垂直柱体 BC 所受的压力为 ρgy，其中 y 为深度：

$$P_{BC}=\rho gy$$

将压力的表达式代入式(3.3)，就可以得到：

$$\frac{1}{2}\rho\omega^2x^2=\rho gy$$

或

$$y=\frac{\omega^2}{2g}x^2$$

顺便说一下，在最终结果中，密度 ρ 被抵消掉了，只有 ω 和 g 对形状产生作用。也就是说，其他条件不变的话，无论是水银还是水，表面都是一样的形状。如果你想通过旋转熔融材料做个望远镜镜片，就不需要担心密度问题了。

3.4 斜坡上划船

思考：如图 3.3 所示，再想象一下，水仍在碗里转动，一艘遥控玩具船浮在水面。操作者想让船远离中心，又想让船的位置相对地面保持不变，如图 3.3

所示,那他该把船头指向哪边呢?船该往哪个方向转,直走、右转还是左转呢?

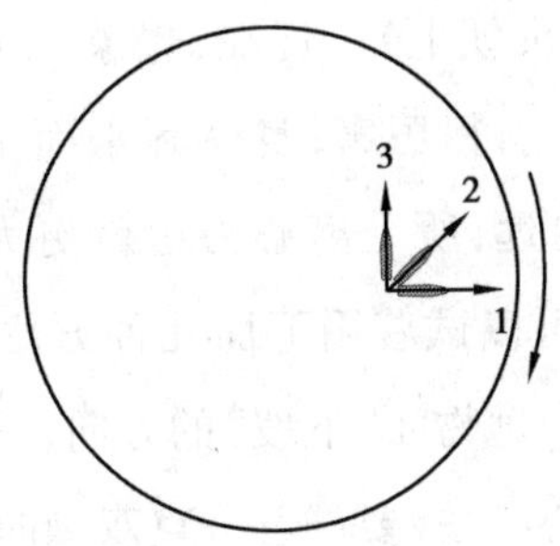

图 3.3　在旋转容器中,船要指向哪个方向,才能相对地面位置不变呢?

答案: 船头必须指向方向 2,因为小船需要一个与水流相反的速度,还需要一定的离心推力,这样才不会滑下斜坡:如果船处于静止状态,就没有离心力让船停在斜坡上了。

3.5　无引擎无船帆航行

思考: 你发现自己在一艘小船上,池水正在转动,如果没有木桨、螺旋桨,也没有船帆,船还能航行吗?空气阻力忽略不计。

答案: 想要船往中心移动,人就得站起来。这里所说的是转动参照系内的“起立”,和地面上的“起立”可不一样:站起来后,人就会向轴线倾斜,也就离轴线更近。离心力随之减小,船就会向轴线漂动。[1] 想要离轴心远点儿,可以趴在船底,这样能最大限度拉开人与轴心的距离,从而向外移动。

1　人的头部会比身体其他部位离旋转轴更近,所以真的会感觉到头重脚轻。

思考:我所受浮力基本为正,那我会不会在转动的池水里浮起来呢?

答案:不一定。由于肺部有空气,腿部密度比胸部密度大,所以我更愿意用竖直的姿势漂浮(希望是头朝上)。现在,想象一下,我漂浮在水池边缘附近,池水不断转动,水面倾斜得厉害;身体和水面垂直,也就几乎和池底平行,这样,我双腿离轴线更远,所受离心力也就更大;离心力可能会大于浮力,把我拽到水下。但我可以试着用下面几种方法救自己:首先,我要尽量用脚浮在水面上,脚趾指向抛物面"下坡"的方向;其次,我可以沉到池壁,爬向底部,然后沿底部向中心爬去(要试着一直双脚向前移动),由此离心力会消失,我就能浮出水面了。

3.6 冰山悖论

思考:冰山会受地球自转影响吗?(当然了,冰山会受洋流和风的影响,而洋流和风本身又受地球自转影响,但我这里所说的并不是间接影响,而是直接影响。)

答案:地球自转产生的力会把冰山拉向赤道,其原因在 3.1 节讨论"浮动软木塞悖论"时已经给出了解释,下面就把这个解释应用到冰山上。想象一下,现在有一座冰山,它不是从其他地方漂来的,而是大量海水冻结形成的。海水膨胀形成冰山,其中有一部分浮出水面,这增加了海水到地球自转轴的平均距离。而离轴线越远,离心力就越大,得出的结论就是,在远离轴线的方向,冰山会受一点儿额外的离心力!如图 3.4 所示,这股离心力想将冰山拖向赤道。那实际上这个力有多大呢?我也不想让你觉得无聊(也许还会让你有点恼火),但我还是要说,粗略估计,一座水平跨度约 10 公里,厚度 0.2 公里的冰山,所受离心力会让冰山持续移动,速度为 1 米/秒的数量级:以这个速度,阻力会抵消掉离心力。一米每秒是步行速度,就算和部分洋流速度相比也不慢。不过有一个问题:从静止到这个速度,需要一年左右——事实证明,加速度就是这么小。另外,部分冰山需要一年甚至两年,才体现出离心力的影响。实际上,如果将平均速度视为 0.5 米/秒,那么 1 年约为$3.15 \cdot 10^7$秒$\approx \pi \cdot 10^7$秒[1],得到的距离约为$(\pi/2)10^7$米,即约 15 000 千米——大概就是极点到赤道的距离!这确实让人震惊。当然,我忽略了更强的影响因素:风和洋流。这种离心效应很微弱,却持续不断;风或洋流的影响力很强,却多变不定。目前还不清楚(至少我还不清楚)这种微弱的力量能否让冰山偏向赤道。[2]

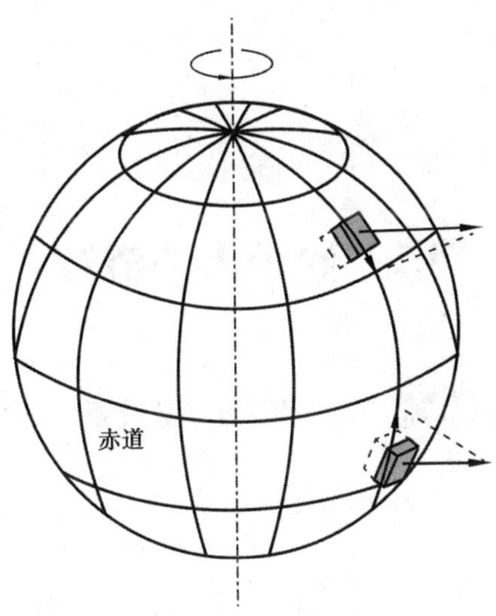

图 3.4　由于地球自转,冰山被拉向赤道

1　我从时枝正(日裔数学家,斯坦福数学教授,研究领域为数学物理)那里了解到 1 年$\approx \pi \cdot 10^7$秒这一情况。

2　想深入了解这个问题,则需要更多洋流和风的相关知识。人们可以列举出一些洋流相关的理论实例,有的洋流微弱,没有影响,有的却有巨大的影响。如果有更多洋流或风的相关知识,那这个问题就成了动力系统问题,可以通过各种理想化假设加以解决。计算机实验可能会大有帮助,特别是对理论工具无法控制的洋流问题,真实的洋流可归为这一类。

第 4 章

沉浮悖论

4.1 轮子上的浴缸

“航天飞机里的氦气球”这一问题有了意外反转，这次轮到地球上的问题了。

思考：一艘玩具船浮在装有水的浴缸一端，浴缸下安装了完全没有摩擦的轮子，并放在完全光滑的地板上，一切都是静止的。用遥控器把小船从浴缸一端移到另一端。渐渐地，所有动作都停止了。浴缸会从最初位置朝哪个方向移动呢？

小船和浴缸的质量分别为 m 和 M，浴缸长度为 L。

答案：

$$距离 = \frac{m}{m+M} L$$

错了。实际上,浴缸最终的位置是不变的。

解释:根据阿基米德定律,小船质量与其排开的水的质量相同。因此,如图 4.1 所示,把船从一个地方移到另一个地方,相当于交换了两个相同的质量。但是,交换两个相同的质量,并未改变"水和小船"这一整体相对浴缸的质量中心(以下简称质心)。[1] 由于没有外力作用于浴缸[2],质心相对地面并不会移动,因此浴缸也不会移动。

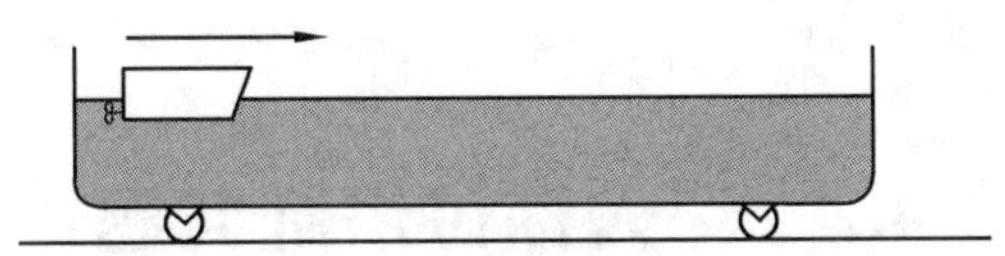

图 4.1　小船从左边行驶到右边后,浴缸会移动多远?

思考:如图 4.2a 所示,狭窄的支架上放着一个装满水的圆盘,一只橡胶鸭子正浮在盘子边缘附近。慢慢把鸭子拿出来,盘子会向哪个方向翻倒——或者会不会翻倒呢?

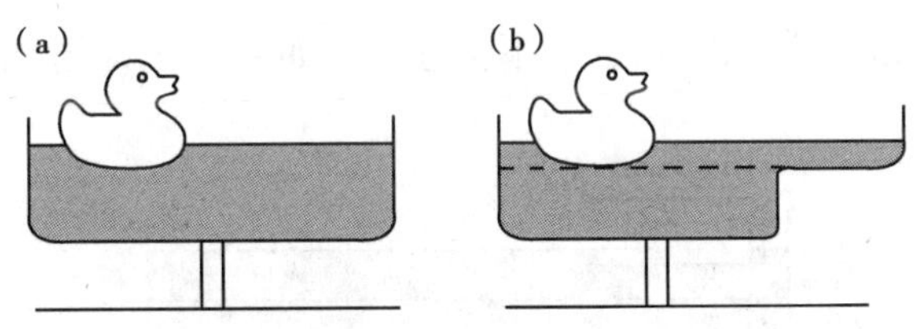

图 4.2　慢慢移出小鸭子,盘子会翻倒吗?

答案:从上面的思维实验可以看出,盘子不会倾倒,而是继续保持平衡。首先,根据阿基米德定律,可以用鸭子排开的水来代替鸭子,这样就不会对盘

1　质心相关内容请参见附录 A3。

2　参见附录 A1。这里仅指水平方向上的外力。

子的平衡造成任何影响。其次，现在把鸭子移走，相当于慢慢吸走了一部分水，水有时间重新进行分配，因此可以只考虑去掉一层相同厚度的水，这样就不会影响平衡。

思考：如图 4.2b 所示，如果盘子不对称，答案还相同吗？

答案：不同，盘子可能会失去平衡。如图 4.2b 所示，如果去掉虚线以上的水，水的质心会左移，盘子就会向左翻倒。

4.2 深入探讨浴缸问题

未读 4.1 节的内容，请勿阅读本节。

谜题：图 4.3 中的玩具船是上个谜题里的，现在用一根缆绳拉着，缆绳连接着轮子，轮子则沿固定在浴缸上的、在水下的轨道滚动。和前面的问题一样，开始时小船处于静止状态，然后行驶到浴缸的另一端停下来，随后一切都静止。连问题都和上节一样：浴缸会不会移动？如果会，朝哪个方向移动？

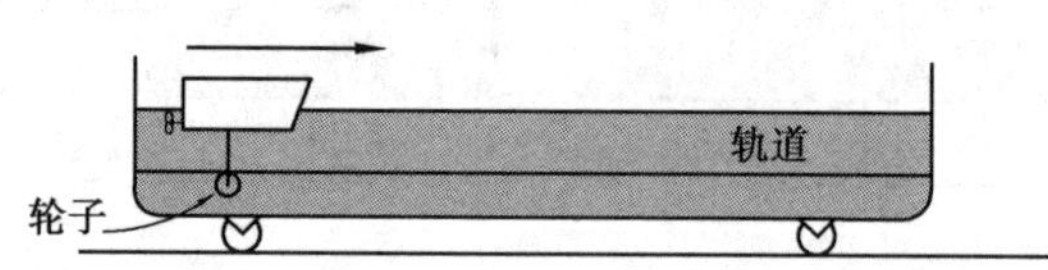

图 4.3 缆绳拉着小船在固定在浴缸上的、在水下的轨道移动，浴缸会朝哪个方向移动呢？

一些想法：上个谜题没有缆绳，我们得出的结论是浴缸会保持原位。现在，缆绳施加的垂直方向上的力是否会影响浴缸和小船的水平运动呢？自然而然，和上个问题一样，浴缸还是会保持不动。

这个结论正确吗，如果不正确，推理中的错误在哪儿呢？

(正确)答案:浴缸的运动方向与船的运动方向相同。其原因与第 2 章 2.1 节的航天飞机谜题的解释类似——实际上就是同一个问题。由于缆绳把小船向下拉,所排开的水的质量就大于船的质量:船在水下占据了较大体积,但质量很小,就像第 2 章 2.1 节太空舱中的氦气球。实际上,小船停止运动后,质量较小的船与质量较大的水交换了位置。简而言之,从浴缸的角度看,质心左移了,但其实,质心相对地面固定不变——因此浴缸向右移动。

换句话说,整个系统的动量守恒,如果浴缸内部的整体质量相对浴缸向左移动,那浴缸本身必须向右移动,才能使整个系统的动量保持为零。

思考:之前我"证明"浴缸不会移动,错在哪儿呢?

答案:错就错在说缆绳不会影响浴缸水平方向上的力。实际上,小船移动就会排开水,船吃水越深,排开的水量越大,而这些水就会与浴缸壁相互作用。因此,缆绳的垂直拉力确实会对水平方向的运动产生影响。

负质量:船是被缆绳拉下来的,因此,船的质量其实小于它所排开的水的质量。也就是说,船的质量减去所排开的水的质量是负数。得出与直觉相反的结果,就是因为这个负号。

4.3　如何在一秒内减肥?

谜题:假如你正站在浴室的体重秤上,不靠着其他东西,也不脱衣服,能让秤上显示的重量变小吗?

答案:这个问题有陷阱——答案是肯定的,但只能维持一小会儿。你要做的就是弯曲膝盖:如果屈膝速度非常快,双脚和秤不会那么紧密地接触,此时秤上显示重量为零。屈膝速度慢点儿,效果没那么夸张,但重量依然会变小。当然了，不一会儿你肯定得慢下来，动作停止之前，体重秤显示的重量逐渐增加。

这一切都可以用牛顿第二定律[1]来解释，

$$F = ma$$

式中，a 是加速度，$F=S-W$，其中 S 是天平对我的支撑力，W 是我的体重（或称为重力，下同）。体重秤上显示的一直都是 S 这个力，现在，我弯曲膝盖，就是向下加速，也就是 $a<0$，因此，

$$ma = S - W < 0$$

或者说 $S<W$，体重秤上显示的数字小于我的体重；如果我站着不动，那么 $a=0$，$S-W=0$，此时体重秤就会显示真实的体重（这是一个悲伤的事实）；而我向上跳（但脚还未离秤）的话，$a>0$，$S-W>0$，也就是说体重秤上显示的数字大于我的体重。

接下来的问题需要一点微积分知识。

问题：试证明，不管我在秤上怎么跳，只要等待时间足够长，体重秤上显示的平均数就会接近我的真实体重。

解决方法：设 T 是漫长的等待时间，求 $ma(t)=S(t)-W$ 的积分，得到：

$$\int_0^T ma(t)\,\mathrm{d}t = \int_0^T (S(t) - W)\,\mathrm{d}t$$

由微积分基本定理（见附录 A10）可知：

$$\int_0^T a(t)\,\mathrm{d}t = \int_0^T v'(t)\,\mathrm{d}t = v(T) - v(0)$$

1　参见附录 A4。

由上可得：

$$m(v(T)-v(0))=\int_0^T S(t)\,\mathrm{d}t-WT$$

等式两边同时除以 T 得到：

$$\frac{m}{T}(v(T)-v(0))=\underbrace{\frac{1}{T}\int_0^T S(t)\,\mathrm{d}t}_{S\text{的平均值}}-W$$

由于 T 趋于无穷(假设我能活那么久)，而人体具有局限性，速度 v 是一定的，公式左侧接近于零，那么公式右侧也接近于零，因此，平均值是 $(1/T)\int_0^T S(t)\,\mathrm{d}t$ 如上所说，接近体重 W。

4.4　水下的气球

思考：绳子一头拴住装满空气的气球，另一头系在罐子底部，罐子里的水没过气球，整个罐子放在秤上(见图 4.4)。这时，绳子突然断了，秤的读数会发生什么变化？

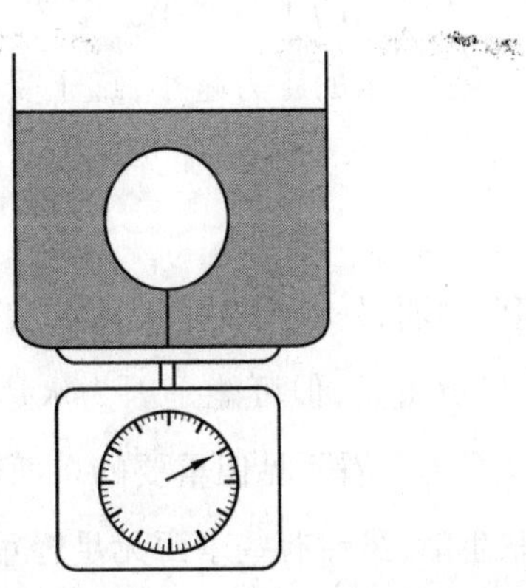

图 4.4　绳子刚断，秤的读数会增大、减小还是不变呢？

正误判断：绳子没断的时候，一直把罐子底部向上拉。绳子断裂后，对罐子向上的拉力消失，罐子就会变重。因此绳子断裂后，秤上会显示重量增加。

真相：实际上，真相恰恰相反：秤上的重量从一开始就会减少，罐子会变轻。要理解其中的原因，来看看这个整体（罐子加上里面所有的东西）的质心会发生什么变化。绳子断裂后，气球向上加速，水的质心向下加速，但水比气球重得多，因此，最后的结果是，整个罐子的质心向下加速。而这就意味着秤上的力变小了，这就和上一节的问题一样，我站在浴室的体重秤上，突然弯曲膝盖，体重秤上的重量就减少了。说得更正式点儿，那就是，根据牛顿第二定律（见附录 A4），质心的加速度 a 是罐子上各个力共同作用的结果，本例中只有两种力（秤的反作用力和罐子的重力）：

$$\text{反作用力} - \text{重力} = ma$$

现在，绳子断裂，初始加速度降低，即 $a<0$，这就意味着“反作用力－重力”<0，或者说反作用力小于重力，即反作用力（也就是秤上的读数）小于重力。

最初的推理错在哪儿呢？错就错在没有讲出全部事实：推理并未提到水对罐子的作用力。其实，剪断绳子那一刻，水就开始下降了，这让罐子底部所受静水压力减小，罐子受到的压力变小。诚然，剪断绳子是为了让罐子受到更多的重力，但并不是说水的压力越小，罐子受到的压力就会越小。质心论证明，罐子变轻了。

一个道理：这个问题说明，外表具有极大的欺骗性。气球显而易见，但很轻；水体积更大，因此也更重要，但可能是因为水透明无色，我们反而忽略了它的运动。我们把注意力从看不见但重要的东西转移到了看得见但不重要的东西上。物理反映生活，虽然有些东西无足轻重，有时却会吸引过多本不应得的注意。

4.5　水中呼吸器之谜

思考:一名潜水员戴着水中呼吸器在水下轻轻漂着,他利用鳍对浮力的作用,让自己停留在长方形水箱的中部位置。这个水箱旁边有个一模一样的箱子,灌满了水,只是里面没有潜水员,两个箱子的水面处于同一水平线[1]。哪个水箱更重?

悖论:现在有两种相反的观点,观点(A):第一个水箱显然更轻,因为其容量与第二个水箱的容量相同,但潜水员的密度比水的密度小;观点(B):由于两个水箱深度相同,水箱底部所受压力也相同,因此两个水箱肯定一样重。

哪种观点对呢?

答案:观点(A)正确,但这很难用代数进行论证,所以我们来找观点(B)的错误之处。漂浮的潜水员必须移动鳍片让自己低于水面;在运动的水中,就算深度相同,压力也不一定和静水压力一样。实际上,只要潜水员移动鳍片,水面就不会平静,连"深度"这一概念也不能精确定义。潜水员要让自己低于水面,就得把水往上推,这样就会在水面形成小水丘。从观点(A)可以得出结论:有潜水员的那个水箱底部所受的平均水压比另一个水箱的水压要小。

下面是我留给读者的一道趣味思考题:

问题:思考一下,有一架直升机在水面盘旋,下冲力在水面形成一个浅浅的凹痕,请问阿基米德定律在这里是否成立?也就是说,直升机的重量是否与排开水的重量大致相等?假设空气和水的运动恒定不变。

1　也就是说,第一个箱子里的水和潜水员体积之和等于第二个箱子里水的体积。

4.6 重量之谜

如图 4.5 所示，两个罐子底部直径相同，罐中装水到同一高度。

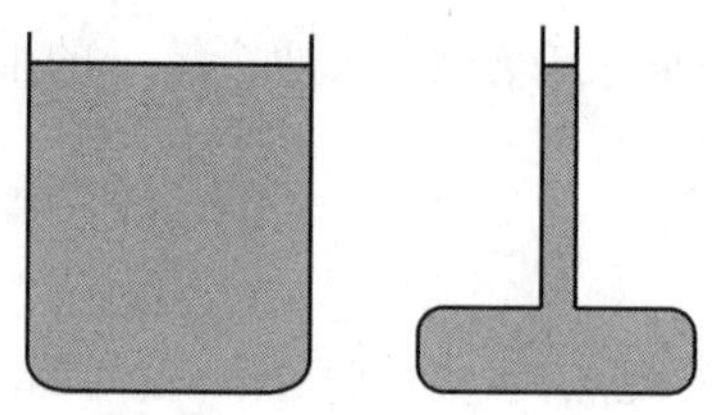

图 4.5 左边容器中水对罐底的压力会更大吗？

思考：左边容器中水对罐底的压力比右边容器中水对罐底的压力大，这个说法正确吗？

答案：错误，两个罐底所受压力相同。原因在于压力（也就是单位面积上所受的力）只由深度决定，与容器形状无关，也就是说：不管是在杯子里，还是在湖里，只要深度相同，所受的压力就相同！由于两个罐子底部在同一深度，因此所受的压力是相同的。而罐底面积相同，因此所受力也是相同的。

思考：看看这个逻辑："右边罐子里的水更少、更轻，因此罐底所受压力就更小"。这个说法有什么问题呢？

答案：图 4.6 解释了罐底所受的压力比水的重力更大，多出来的力就是罐子"顶棚"向下的力。确实，根据牛顿定律，水的受力是平衡的，向下的力等于向上的力：

重力 + 向下的力 = 向上的力

因此,重力就小于向上的力,即水的重力小于罐底向上的力。

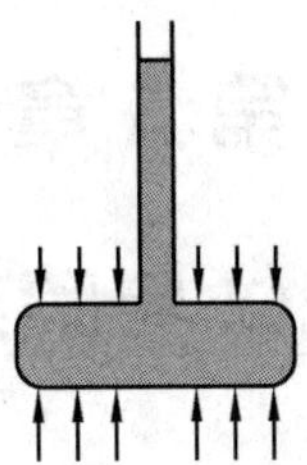

图 4.6　水对罐底施加的力只由自由液面以下的深度和罐底面积决定,与水的重量无关

罐子的瓶颈可能很细,但产生的压力和粗瓶颈罐子产生的压力是一样的!

第 5 章

流体与喷射

5.1 伯努利定律和水枪

思考：想象一下，我们推动注射器的活塞向外排水（见图 5.1）。我想到牛顿第一定律（即，不受外力的话，运动恒定不变），就有个问题：假设活塞完全无摩擦，水完全无黏性，要让活塞保持匀速运动，需要用力吗？换句话说，我推动活塞，给它一定的速度让其自主运动，活塞会不会出于惯性继续匀速前进呢？

答案：就算完全没有摩擦，也需要有一个力来推动活塞，让它匀速前进。在惯性引起的恒定运动中，牛顿第一定律并不适用于这里的情况，因为水流的某些部分在加速——也就是那些靠近圆筒出口的部分。更多细节如图 5.2 所示。

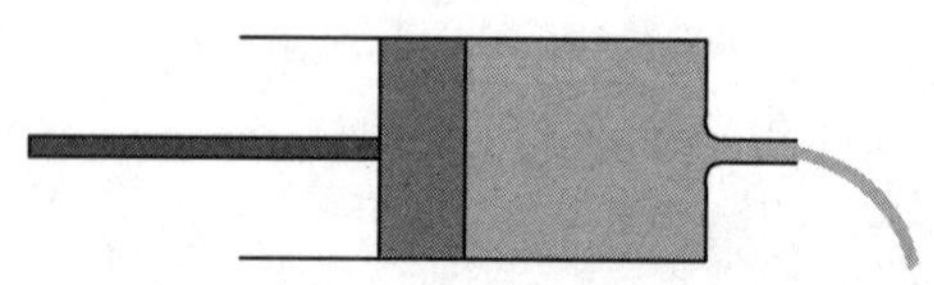

图 5.1 假设没有黏性，没有摩擦力，活塞会出于惯性保持恒定运动吗？

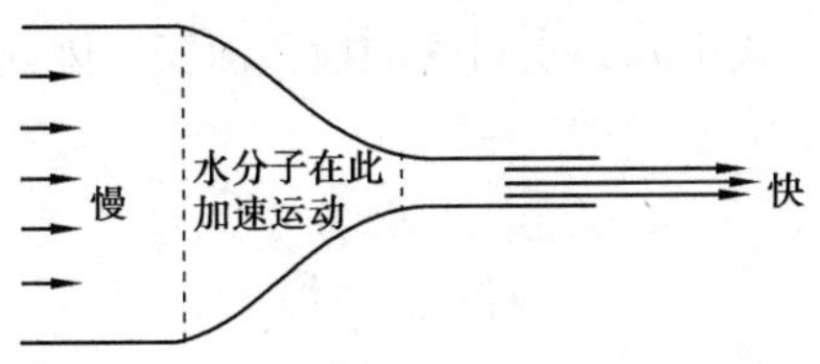

图 5.2　总有一些水分子会加速运动,要加速就要有压力差

这种加速就表明,水分子是“从后面推动的”,也就是说,水分子后面所受的压力比前面要大,这就是伯努利定律的要点,通常表述为“速度越快,压力越小”。这听起来有点误导人,好像二者是因果关系,速度变快导致压力变小。事实却恰恰相反:“流体其实是在压力变小的地方加速。”因此,如果下游压力变小,速度就会变快。

这既是伯努利定律的内容,也是对这一定律的解释,由此可以看出,伯努利定律是牛顿第二定律的一个特例。

伯努利定律可以用落石加以类比:石头的重力势能越低,移动速度越快。事实上,伯努利定律也可以看作能量守恒定律一个特例。

问题:活塞面积为 A,出口管面积为 a,若以恒定速度 v 推动活塞,需要多大的力?

解决方法:用力 F 推动活塞移动一段距离 D 时,做功 $W=FD$。这个功完全用于增加水的动能(假设没有摩擦力,没有黏性):

$$F \cdot D = \frac{mv_{\text{出口}}^2}{2} - \frac{mv^2}{2} \tag{5.1}$$

式中,m 是排出的水的质量。剩下的就是求解 F,然后用 v、a、A 来表示所有关系式。首先注意到的是 $m=\rho AD$,式中 ρ 是水的密度,A 是活塞表面积。另外,由于水不可压缩,活塞每秒钟推出的水的体积(vA)等于离开注射器的水

的体积，即 $vA=v_{出口}a$，式中 a 是出口管的横截面积。因此，

$$v_{出口}=\frac{A}{a}v$$

这个等式我们本来也可以直接猜出来。把所有公式代入式(5.1)可得：

$$F=\frac{1}{2}\rho Av^2\left(\frac{A}{a}-1\right) \tag{5.2}$$

接下来就有两种有意思的结果。将活塞的移动速度 v 固定不变，看看不同的面积比 A/a 下会发生什么变化。

1. 出口管非常狭窄：如果 A/a 很大，根据式(5.2)可知，所需的力 F 也很大。把水从窄孔中推出来很困难，但究其原因，并非因为水的黏性。之所以难，是因为我们不断加速水分子，所做的功并未转化为热能(无序运动的动能)，而是转化为了喷出的水做有序运动的动能。
2. 如果管子变宽，而不是变窄：如图 5.3 所示，$A/a<1$，根据式(5.2)可知，$F<0$，这意味着我们必须拉动活塞，保持匀速运动！当然，不需要任何公式，也可以直接看出这一点，因为水流出的速度比它在注射器内的速度要小，这表明我们必须拉动活塞，减小水分子的流速。

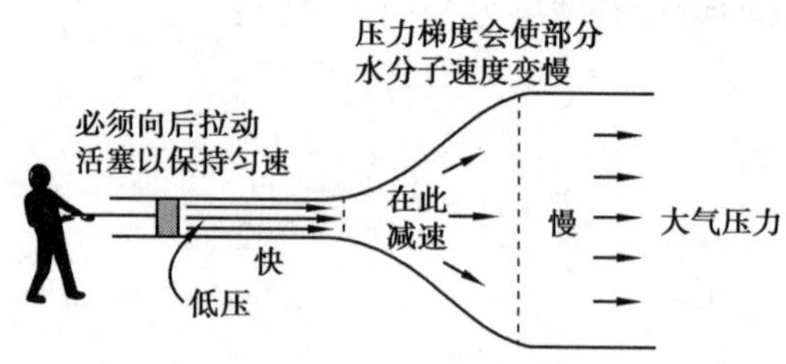

图 5.3 在加宽的管子里，要保持匀速，需要一个稳定拉力来抵消运动

5.2　吮吸吸管与时间的不可逆性

思考：如图 5.4 所示，是用吸管吸水更费力呢，还是用吸管吹水更费力？假设吸管中的水做匀速运动，重力忽略不计。

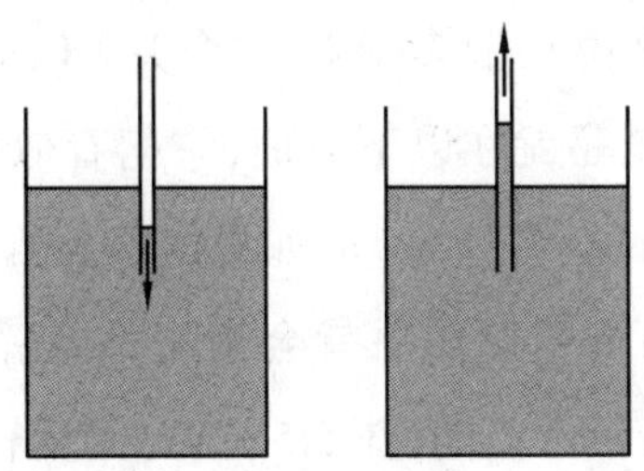

图 5.4　要保持匀速运动，两根吸管所需压力相同吗？

答案：吸水更费力，图 5.5 解释了原因。吸水时，如图 5.5b 所示，水从各个方向涌入吸管，普通水分子进入吸管时获得了极大的速度，这种加速度需要吸力来提供。[1] 换句话说，要消耗能量让水流加速，就需要用力吸水。

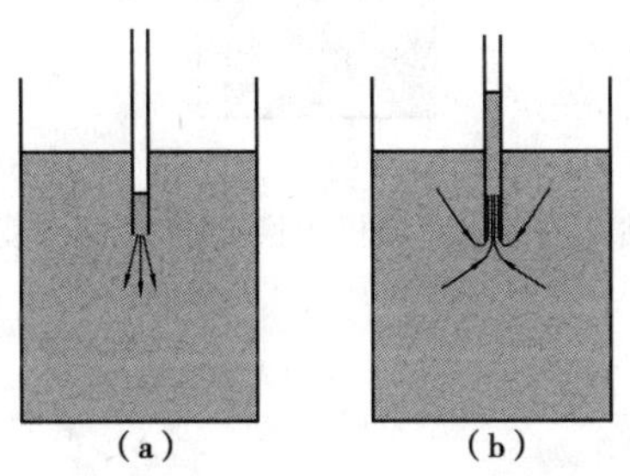

图 5.5　所有事物保持匀速运动，吸水会比吹水费力吗？

1　这正是 5.1 节提到的伯努利效应。

相反，如图 5.5a 所示，水流是喷射出来的。喷射流逐渐扩大，水流压力也逐渐变化。

时间的箭头：可能有人会觉得，改变吸管中的水流方向，就能轻松改变水流的整体运动方向；其实，我们从小就知道情况并非如此。吹灭蜡烛很容易，但不可能用吸力让蜡烛熄灭（当然，在安全距离内、不灼伤嘴唇的情况下是不可能熄灭的。我倒是很想听听那些成功者的意见（可别是他们嘴受伤说不了话了，只能由律师来说））。多年来，这个关于时间首选方向的谜题一直吸引着科学家，其中的奥秘就在以下方面，它们看似有些矛盾：仅就经典力学而言，牛顿定律具有时间可逆性，但如果将经典粒子大集合纳入考虑范围，例如理想气体，时间可逆性似乎就会消失。要解决这个看似矛盾的问题，关键在于如图 5.6 所示的流动（图 5.5a 的时间反转）理论上有可能，但极其不稳定：就算我们让水流如图 5.6 所示那样运动，水流基本也会马上解体，开始变成图 5.5b 那样。

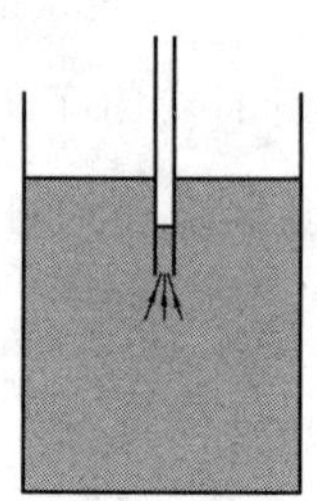

图 5.6 一开始向内的水流就极不稳定，很快就会变成图 5.5 那样

5.3 伯努利定律与航天飞机上的移动

思考：想象一下，你正漂浮在航天飞机的机舱中央，一动不动。现在休息够

了,想到墙边去,你可以扔些东西让自己反方向移动——比如,扔鞋子扔腰带[1]——但如果不可以扔东西,你还能到墙边吗?

答案:保持呼吸就能到墙边。如图 5.7 所示,吸气时,你把空气从各个方向吸进来;呼气时,空气又喷射出来。吸气-呼气循环,最终结果就是将空气推向喷射方向,你会被推向相反方向,此时,你就会变成一只效率极低的鱿鱼[2]。用嘴呼出空气的速度比用鼻子呼出的速度要小,因此,用嘴呼吸的人也就移动得更慢(这毫不意外)。

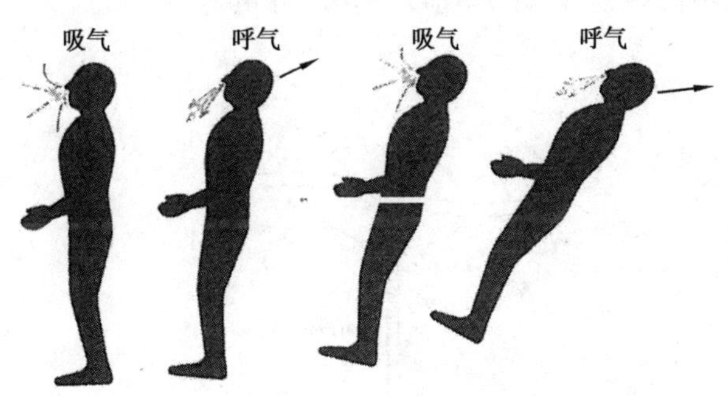

图 5.7　失重状态下,人利用呼吸前进

5.4　洒水器之谜

思考:洒水器是绕支点 P 旋转的一根 S 形管子;如图5.8所示,水送上来时经过支点,喷射力会让洒水器旋转起来。相对于地面观察者来说,出水方向在哪边呢?假定支点处无摩擦,旋转速度恒定不变。

1　人在失重状态下真的需要这些东西吗?失重状态下,人不能走路,裤子也不会掉下来。

2　鱿鱼推动自己的原理也一样,只不过它们从身体后部将水喷射出来。

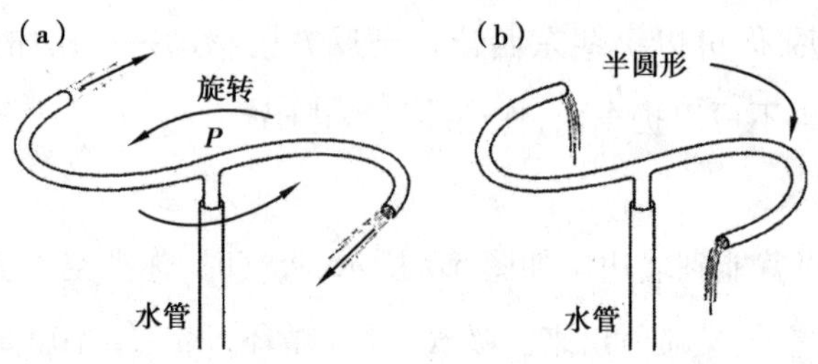

图 5.8　水流从哪个方向喷出水管?

答案:水喷出喷嘴的方向是纯径向的,即直接离开 P 点——图 5.8a 中的方向是错误的。如图 5.9 所示,水流速度的切向分量为零。

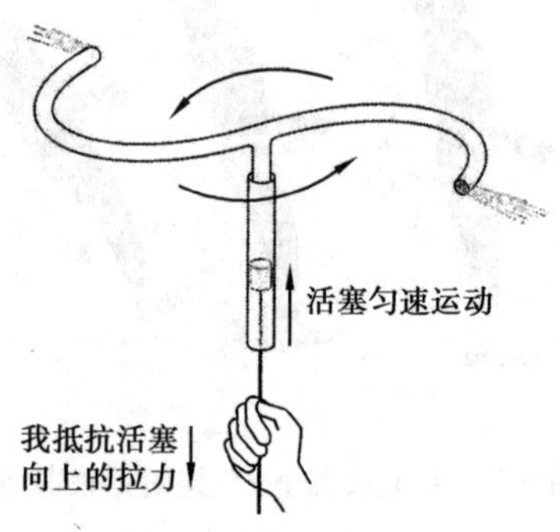

图 5.9　活塞向上移动,为保持速度恒定不变,我必须把活塞拉回来

解释:软管送上来的水并没有围绕垂直轴旋转,只有支点处的旋转摩擦力能让水流自转起来——但根据假设,摩擦为零。因此,水喷出喷嘴和进入喷嘴时旋转摩擦力相同:均为零。这就解释了纯径向速度。[1]

后续难题:一位设计师想把洒水器改成图 5.8b 的样子,每个出水管都做成半圆形。这个设计好吗?

1　只需用精确术语"角动量"代替模糊术语"自转",并参考"角动量不会因没有力矩而改变",这个解释就可以更精确。

解决办法:这个想法很糟糕:水流出喷嘴时对地速度为零,会直接流到地上!

下面就是原因:我们已经确定水流速度是纯径向的,但由于出水管做成了半圆形,出口处的径向速度必然是零。这个洒水器就很奇怪了:水流进来时有一定速度,流出时速度却为零。

难题:供水管道中的水具有动能。而水流出的速度为零,因此动能为零。动能是怎么回事呢?

解决方法:最后一个问题的答案是,洒水器会吸水——就是字面意思。这可不是什么无法回答而歇斯底里的答案,这就是对物理事实的陈述。现在来解释一下:我说洒水器吸水,是指供水管内的压力值为负[1],如图 5.9 所示。会出现这样的现象,原因在于旋转管道中的水受离心作用向外洒出,从而产生吸力。

液体"鞭子":如果图 5.9 中的活塞没有被拉回来,洒水器会怎么样呢?旋转的出水管会产生离心吸力,让管道中的水流速度变快。洒水器会越转越快,直到水全部流完。这听起来很奇怪,但确实与鞭子断裂非常相似。鞭子断裂,绳子上就会产生一种波。波向绳子顶端移动时,就会缩短,这样,同样的能量就集中在越来越短的波上。如果操作得当,这种能量会高度集中,甚至可以超过音速。虽然这种能量集中没那么引人注意,但确实发生在咱们洒水车的思想实验中了。

5.5　速度为零却能快速喷水?

思考:如图 5.10 所示,一个容器连着橡胶软管。有可能让水从软管中流出

1　换句话说就是低于大气压。

来，但速度为零吗？[1]

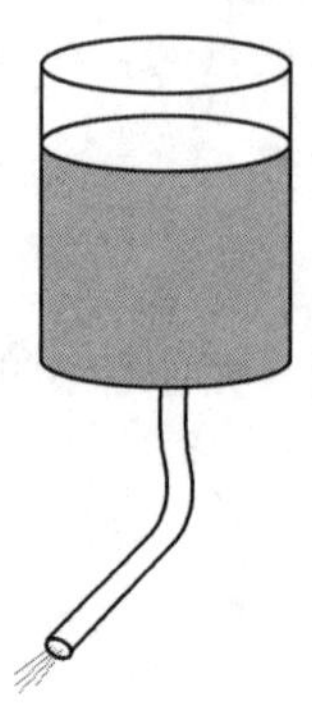

图 5.10 从水箱中喷水，能否让出水速度（几乎）为零？

答案：我们要做的就是移动软管一端，让移动速度与出水速度大小相等，方向相反，这样水就会以零速度流出了。这就类似于从一辆行进中的汽车上向后扔出一个苹果，其速度与汽车的速度相等。在抛出的瞬间，苹果相对地面的速度为零。

事实上，如果将图 5.8b 中有缺陷的喷水器与这个容器相连，喷水器喷出水时就可以让出水速度（几乎）为零。

用这种有缺陷的喷水器来清空水箱，有一个极大的优点：它能够快速将液体从一个容器转移到另一个容器，不会水花四溅，也不用水泵。实际上，洒水器产生了吸力（解释见 5.4 节），就可以将它当作水泵使用了！

5.6 流水之谜

我洗碗的时候看见水龙头流出的水拍打着水槽底部，突然就想到了下

1 这里所说的速度是指相对地面观察者的速度。

面这个问题。

思考:如图 5.11 所示,水从罐子里匀速流出,冲在秤盘上又散开。由于水柱的冲击,天秤显示了一定的读数。喷射水流的冲击力和空气中水柱的重力哪个更大?或者说二者一样大?

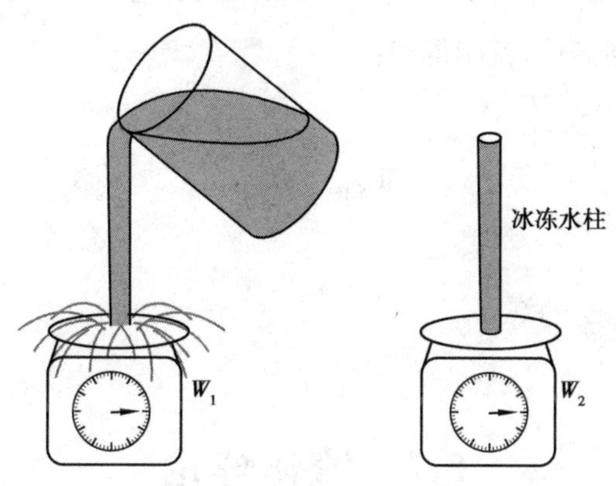

图 5.11　与水柱的重力相比,喷射水流的冲击力如何?

空气阻力、表面张力和其他细微干扰因素忽略不计,罐口和罐内的水流的垂直速度忽略不计。

答案:每次只有少量的水打在秤盘上,这也许说明冲击力小于整个水柱的重力。但实际上这两个力大致相等!

非常规解释:喷射水流匀速流出时,水整体的动量[1]是恒定的——事实上,喷射水流在流出时保持不变,所以喷射水流的动量也就是恒定的,但其他水流的动量为零。

正如附录 A4 末尾所解释的,动量的恒定性表明对水的合力为零,即 W-

1　动量在附录 A4 有解释。我这里所说的是垂直方向上的动量。

$R=0$,式中 W 是重力,R 是罐子、天秤和地面三者的向上反作用力之和。$W=R$ 这一关系式就相当于：

$$W_{\text{罐子}} + W_{\text{水柱}} + W_{\text{地面}} = R_{\text{罐子}} + R_{\text{天秤}} + R_{\text{地面}} \tag{5.3}$$

但因为罐子里和地面上的水基本上都是静止的,$W_{\text{罐子}}=R_{\text{罐子}}$,$W_{\text{地面}}=R_{\text{地面}}$。消除式(5.3)中的同等项,就能得到：

$$W_{\text{水柱}} = R_{\text{天秤}}$$

与前文得出的结论一致。

5.7 流体悖论

流体背景：对于这个谜题,我们需要的所有背景就是下面几句话,这几句话会在下一段进行解释："如果非黏性流体的涡度初始值为零,则其涡度会一直为零。"这是开尔文定理的一个特例。[1]

什么是涡度：就像这个术语暗示的那样,涡度测量的是速度场的旋转,确切地说,接下来我只会对二维流体的涡度进行解释。如图 5.12 所示,我往水流中加入了两条短的箭头所示的线段。这些线段随水流动时可能会转动(也可能会拉长,但我不关心这个),然后在线段仍然垂直时记下初始角速度 ω_1 和 ω_2,根据定义,水流在 p 点的涡度是 ω_1 和 ω_2 之和。水流作为刚体,旋转时

1　这个定理的完整陈述和证据可以在巴切勒等人那里找到。谈到二维流体,我想到一个可替代且我认为更加透明的证据,这个证据几乎完全基于以下事实:(1)由于缺乏黏度,流体圆球对其中心的力矩为零;(2)被流体冲走时,圆球面积不变(圆球不需要一直保持圆形,只在某一瞬间假定为圆形即可)。

的涡度恰好是其刚性旋转角速度的两倍。

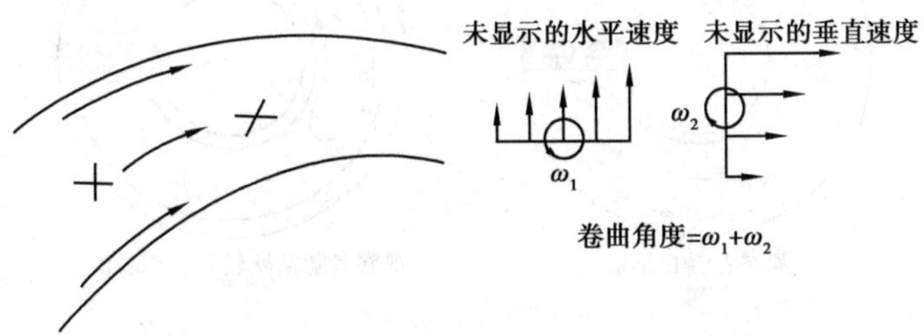

图 5.12　水流在某一点的涡度是两个无限小的线段相互垂直的瞬间的角速度之和

转动流体悖论：如图 5.13 所示，水流形成了一个圆环，活塞刚好可以放在里面。[1] 一切都处于静止状态。把活塞沿圆环边缘旋转，然后停下来。根据开尔文定理，整个过程中涡度必须保持为零。但是，考虑到水会旋转这一事实，涡度怎么可能始终为零呢？

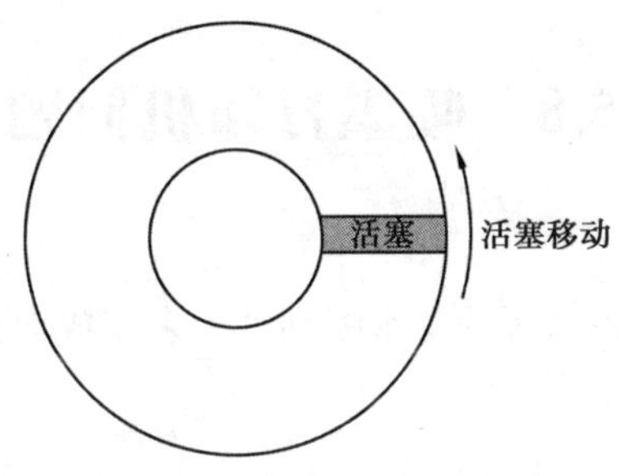

图 5.13　水流如何保持零角速度（更确切地说，是零涡度）旋转？

解决方法：当活塞逆时针旋转时，水不会像刚体一样运动；如果水真的像刚体一样运动的话，涡度确实不会是零。如图 5.14a 所示，水在内圈的运动速度比在外圈的运动速度快，从而保持涡度为零。水流同时进行着两种运动：(1) 随活塞逆时针转动；(2) 顺时针循环。如图 5.14b 所示，在随活塞旋转的体系中，水流看起来特别简单。

1　所有讨论都是二维的。当然，读者可以把图 5.13 看成三维物体的横截面。

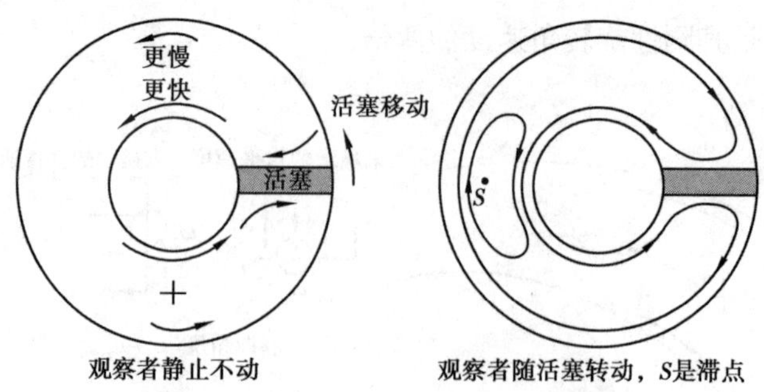

图 5.14 (a)观察者静止不动;水流在内侧流速更快。(b)随活塞转动的观察者视角

思考:水流中是否存在一个点,随活塞旋转一圈后又回到原位?

答案:有。与活塞完全相对的点 S,它随活塞旋转一圈后又会回到原位。事实上在整个旋转过程中,这个点相对于活塞的位置都保持不变。[1]

5.8 喷墨打印机问题

喷墨打印机通过将薄薄的墨水喷到纸上来完成运作。

思考:水(或墨水)从一根细管中喷出,由于表面张力的作用,水滴破裂成水珠(见图 5.15)。水滴的移动速度与管内水的运动速度相同吗?此处,重力和空气阻力忽略不计。

答案:水滴的移动速度比管内水的运动速度要慢。由于表面张力的作用,图 5.15中的喷流 J 有点像一条橡皮筋,这种张力将喷流尖端 T 拉向左边管口方

1 “回归点”存在的依据在于荷兰数学家鲁伊兹·布劳威尔的不动点定理,该定理的陈述及证据在本科任何一本拓扑学教材中都能找到,例如詹姆斯·芒克里斯所著的《拓扑学》(Upper Saddle River, NJ: PrenticeHall, 2000)。

向，让喷头速度减慢。之后，喷流尖端断裂形成水滴，速度仍比管内水要慢。

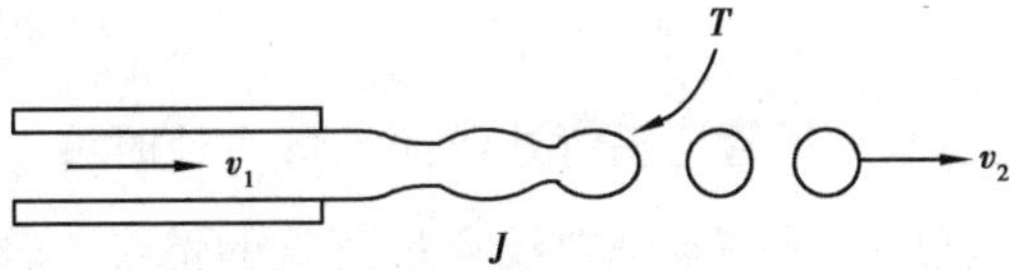

图 5.15　水滴的移动速度与不断喷出的水流速度相同吗？空气阻力忽略不计

5.9　涡度悖论

思考：如图 5.16 所示，水从一根水平管道中流出。A 层流出后开始下降，此时 B 层仍在管道内，还没有下降。这是顺时针方向的剪切流动，也就是顺时针方向的涡度。[1] 水从管道中流出时，涡度就从零开始改变了。但根据前文所述的开尔文定理，涡度始终保持不变，因此二者相互矛盾，那这个论证错在哪儿呢？

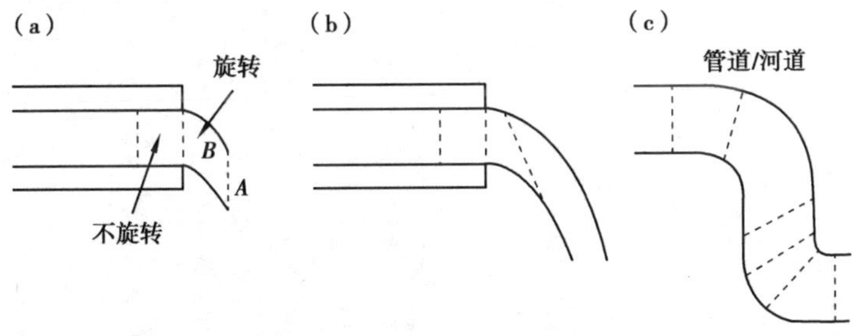

图 5.16　水层从管道中流出时开始下降，此时管道内的水层并没有下降，因此产生了漩涡，或者说是否会产生漩涡？

答案：错误的原因都在图 5.16b 中展示出来了。水从管道中流出后，各层并

1　涡度的定义请参见 5.7 节。

不是垂直落下，而是如图 5.16b 所示倾斜而下。这种倾斜抵消了原论证中提到的旋转。

管道中的水流：水经过管道拐弯处或河流弯道处时可以发现类似的“反旋转”[1]；图 5.16c 就展示了一条染料线穿过弯管的情形。管道向右转时，染料线保持零涡度向左旋转。在管道的第二个弯曲处，情况正好相反：管道向左转，染料线向右旋转。

1　此处假设水流完全无黏性，水粒子靠近管壁时速度不会变慢。

第6章 移动体验：自行车、体操、火箭

6.1 秋千是如何工作的?

思考:生活中,大多数事情都是说起来容易做起来难,但有些事却恰恰相反——做起来容易说起来难,荡秋千就是一个例子。孩子究竟是怎么将肌肉的能量传递给秋千的呢？答案并没有那么明显。[1]

答案(共鸣剖析):想象一下,你正在秋千上荡来荡去。当秋千荡到最低点时,你感受到的地心引力最大。同样的道理,秋千轨迹的最高点附近的地心引力最小。[2] 现在想象一下,你拿着重物放在腿上,如图6.1所示。当你经过秋千轨迹最低点时,将重物举到肩上;一直举到秋千最高点附近,一到最高点就迅速将重物放回。重复这个动作:经过底部时抬起,接近顶部时放下,如此循环。这个动作会让秋千越荡越高。为什么会这样呢？因为你做的是

1 小男孩问:"爷爷,你睡觉时是把胡子放在被子上面还是放在被子下面?"那天晚上,失眠的爷爷仰面躺在床上,试着把胡须一会儿这样摆,一会儿那样放,边摆边骂,没一种感觉是对的。

2 秋千在最高点地心引力更小的原因有二:一是离心力较小,二是重力较小。

正功:举起较重物体花费的能量比你放下较轻物体得到的能量要多。这样,能量差会增加摆动幅度。

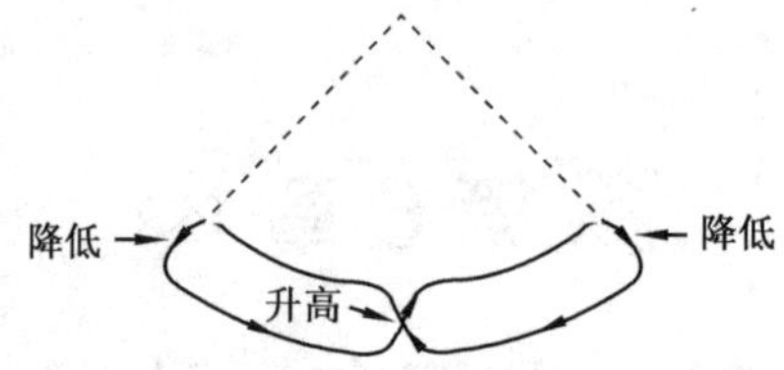

图 6.1 这条质心路径将为秋千摆动提供能量

当然,你没必要拿着重物:你可以用自己的头(就是字面意思)、躯干或双腿。事实上,这也正是孩子们荡秋千时所做的:在最低点伸直膝盖并挺直身子(增加重量),在接近最高点时弯曲膝盖并向后靠(减轻重量)。

我还是个孩子的时候,这些动作都能做到,但没办法解释。现在的情况刚好相反,我能解释清楚,却没办法做这些动作了。

6.2 能量消耗不断增加

思考:一块石头以恒定加速度下落(空气阻力忽略不计)。图 6.2 展示的是石头每下落一米后的速度。为什么每下落一米,速度增量都会减少?

答案:当石头加速下落,它每下落一米所耗费的时间就逐渐减少。因此,当石头每下落一米时,其加速的时间也会逐渐减少。

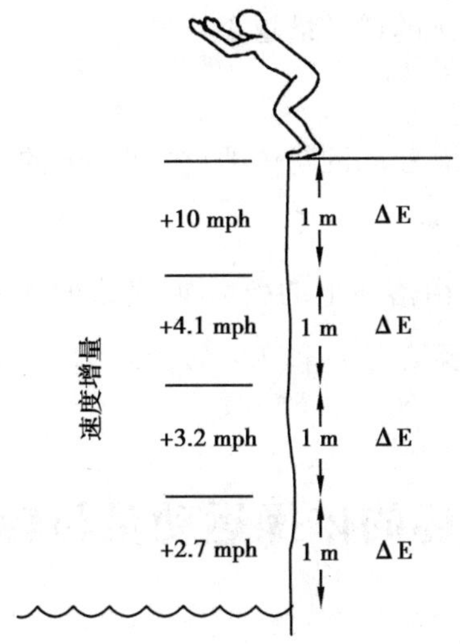

图 6.2　石头下落越远，它每下落一米的速度增量就越小

注：+10 mph 的意思是每小时速度增加 10 迈，也就是 10 英里/小时

这里有一个更正规的解释。如果石头在离地面 h 的高度开始下落，其重力势能[1]是 mgh（动能为零，因为石头下落时速度为零）。在石头落地之前，所有的能量都是动能：$mv^2/2$。这两个表达式相等，抵消 m 可以得到：

$$\frac{v^2}{2} = gh$$

或

$$v = \sqrt{2gh}$$

现在，v 与 h 的关系图是一条侧卧的抛物线，且抛物线的斜率逐渐减小。因

1　根据定义，势能是指将物体提升到高度 h 所需要的功。这个功 = 力×距离 = 重量×高度 = mgh（因为重量 = mg）。

此，h 等量递增，h 越大，v 的递增量越小。

问题：我们怎么知道质量为 m 的物体的重量是 mg 的？

答案：根据定义，g 是自由落体上的引力 W 带来的加速度，即由重量引起的加速度。因此，根据牛顿第二定律（$F=ma$，参见附录 A1），就能得到 $W=mg$。

6.3　做大回环的体操运动员与轮子里的仓鼠

高杠上的大回环是体操的基本动作，体操运动员一开始是倒立状态，然后向下摆动经过地面，再向上摆动倒立，如此反复（见图 6.3a）。

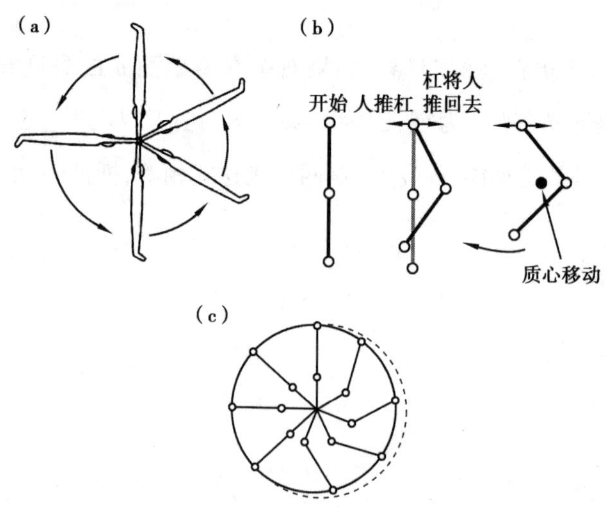

图 6.3　(a)在高杠上做大回环，(b)如何激活重力矩，(c)如何为大回环提供能量

思考：体操运动员开始时悬挂在高杠上不动，手和高杠之间没有摩擦：手很滑，因此移动手腕不会产生力矩。在没有摩擦的情况下，运动员能做出大回环吗？

高杠弯曲、空气阻力，以及其他细节都忽略不计。

许多物理学家和数学家给出的答案通常是这样的："没有摩擦，就不会产生力矩；没有力矩，就不会产生角动量，因此也就不能旋转。所以没有摩擦力，体操运动员不能做出大回环。"[1]

这个说法是错的。这些做大回环的年轻运动员很幸运，他们不知道那么多物理知识，就不会被这种逻辑阻碍。他们也不知道力矩和角动量，大家的年龄可能还不到获得博士学位所需的年限。有时候，知道的少也是一种优势。

错在哪儿呢？力矩为零这一前提是错的——重力可以施加力矩。诚然，体操运动员悬空时力矩为零，但弯曲身体就可以让重力力矩发挥作用，下面是具体方法。

想象你自己正挂在杆上，如图 6.3b 所示。现在开始弯曲腰部，就像你要去摸自己的脚趾一样。腹部肌肉紧绷时，你的手会往前移动，也就会推着杆往前移（图中左边）。根据牛顿第三定律（作用力与反作用力相等），横杆会把你向右推。根据牛顿第二定律，你的质心也会右移。现在，质心没在横杆正下方了，此时重力就会施加力矩，让质心向左移动，就像钟摆一样。总而言之，弯曲身体，就可以让重力施加力矩。

思考：运动员已经做成了大回环，原则上可以怎么做来加速呢？

答案：原则上和荡秋千完全一样：做净正功。为此，做大回环很难的时候（即接近底部时），将质心靠近横杆，容易的时候（即接近顶部时），让质心远离横杆。

图 6.3c 是粗略的模仿方法。

1　关于角动量的描述请参见附录 A6。

不平衡的车轮：现在有另一种方法来理解运动员的行为。图 6.3c 是运动员质心的移动路径。现在想象一下，质量利用拖尾现象覆盖整条移动路径，并将路径想象成车轮的轮缘，车轮的轴就是横杆。由于轮子向左偏移，重力将对这个轮子施加逆时针的力矩。这样，就可以实时调整车轮辐条来保持偏移状态，从而让重力力矩持续作用在轮子上。这个力矩就能让运动员获得速度，补偿摩擦损耗。

其实，这和轮子里的仓鼠做的差不多：仓鼠让质心向轴的一侧偏移，从而让车轮旋转的力矩保持，不过仓鼠可能并没有这样想。

问题：改变可调式轮子上的辐条长度需要做功。请详细解释一下，如何改变辐条长度来保持轮缘偏移。

请注意，平均而言，辐条缩短的张力要大于辐条延长的张力。再回想下，辐条长度类似于运动员质心到横杆的距离。

6.4　在冰面上控制汽车

我从康奈尔大学的安迪・瑞那教授那里知道了这个问题。

问题：想象一下，你正驾驶汽车在一大片冰地上沿直线行驶，这时你踩下了刹车。当然，车轮没有抱死是最好的，但如果要抱死车轮，你会选择抱死哪边的车轮呢：前轮还是后轮？我们的目标是沿直线行驶时停下来，而不发生旋转。

解决办法：令人惊讶的是，前轮抱死会更好。[1] 前轮抱死了，汽车还是会直线行驶。相反，如果是后轮抱死，方向盘又保持固定的话，汽车会掉头，然后倒

1　这样就没办法转向了，但我们这里的目标就是保持直线行驶。

着向前开，直到停下来。骑自行车的人可能会注意到类似的情况：如果前轮没有抱死而后轮抱死了，自行车就会向侧边滑出。

解释：用箭来比喻就很简单明了。如图 6.4 所示，羽毛让箭尾保持平衡，不会侧翻，这样箭就能直线飞行。类比到汽车，前轮抱死了，滚动的后轮就像羽毛一样起稳定作用。因此，当滚动的车轮是后轮时，汽车就稳定；而滚动的车轮是前轮时，汽车就不稳定。

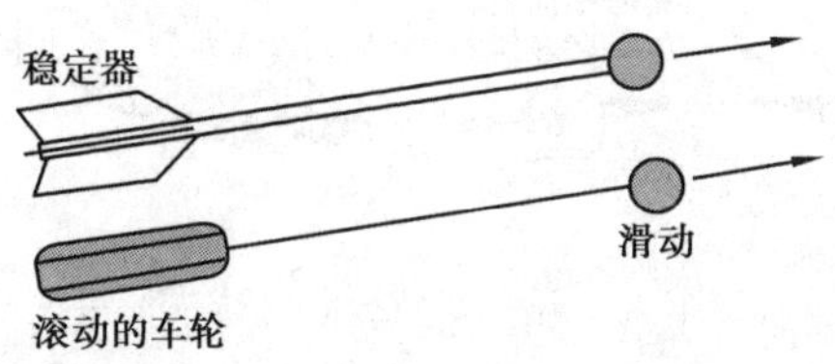

图 6.4　就像羽毛让箭保持直线一样，滚动的后轮让前轮抱死的汽车保持直线行驶

一个下雪的深夜，我在车上做了这个实验，当时我的车停在白雪覆盖的停车场。用驻车制动器抱死后轮后，我就可以轻易将车旋转 180°了。

6.5　骑着自行车怎么转弯？

问题：骑着自行车直行的时候想迅速左转，他要怎么用车把实现转弯呢？

解决方法：想要左转，首先就要让自行车向左倾斜，来补偿转弯时的离心力。要让自行车向左倾斜，就得暂时将车把向右移动，让身下的车轮向右倾斜，而身体在惯性作用下直行（见图 6.5）。这样就能够实现想要的向左倾斜，现在，骑车人再将车把转到左边，完成想要的转弯。如果你像我一样亲身做这个实验，就会发现，手会下意识做出最开始的反转动作。潜意识反射可真是力学的好老师。

在一辆轮胎巨大且快速行驶的自行车上还有额外的效果：前轮的陀螺效应能帮着产生倾斜。将车把推向右边，这样就会产生非常明显的向左倾斜。

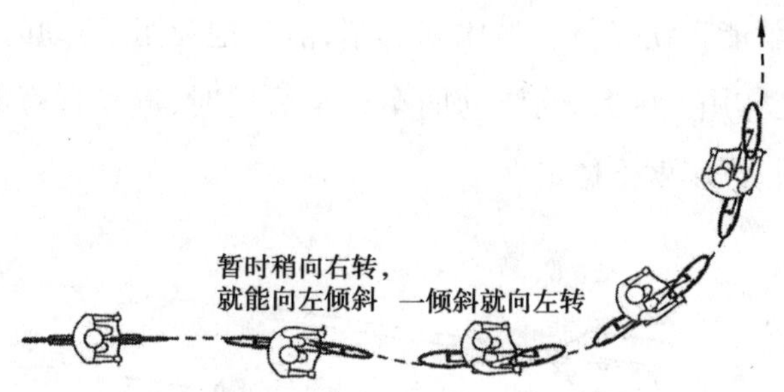

图 6.5 要向左转，骑车人一开始要稍微向右转一下车把，以便产生倾斜

6.6 通过倾斜来加速

问题：在不踩踏板或移动身体的情况下，你能只通过转弯改变自行车的速度吗？

回答：如果一开始自行车就沿直线行驶，只需要在转弯处倾斜，就能自动加速。[1] 原因在于倾斜会让你减少势能。因此，动能肯定会增加，同样地，速度肯定也会增加。[2]

假设倾斜角度相同，速度增量由初始速度决定吗？令人惊讶的是，速度越小，增量越大。[3] 倾斜角度相同时，行驶速度为 1 英里/小时的速度增量比

1 上一个问题已经讲过，转弯时骑车人怎么做才能产生倾斜。

2 严格来说，部分动能会转化为旋转动能，毕竟骑车人正在转弯。但我们可以证明，剩余能量足以引起速度增加。

3 这与下面这一事实有关：从四倍高度跳下只能获得两倍速度。

行驶速度为 10 英里/小时的速度增量要大。解释如下：我倾斜时，质心会因此下降 h，我获得的动能与失去的势能相等：

$$\frac{mV^2}{2} - \frac{mv^2}{2} = mgh$$

式中，V 是我的末速度，v 是初始速度。[1] 化简后，我们得到：

$$V^2 - v^2 = 2gh$$

或

$$V - v = \frac{2gh}{v + V} < \frac{gh}{v}$$

这表明，初始速度 v 越大，速度增量 $V-v$ 越小。

6.7　骑车人仅靠身体运动能加速吗?

6.6 节解释了骑车人仅通过倾斜转弯就能加速——但这只是一次性的小型加速，不能无限循环保持速度不变。

问题：从理论上讲，骑车人可以不踩踏板，只移动身体就保持加速吗？

为了消除可能的漏洞，假设没有风、不能使用引擎，也没有其他干扰因素。

1　我转弯时也获得了部分旋转动能，此处忽略不计。

提示：地上滚动的轮子和冰上的滑板有以下相似之处：两者都能很容易沿指向的方向移动，而不会向侧面移动。

解决方法：一开始，我坐得笔直，沿直线滑行。我的目标是以同样的状态结束，但速度更快。我可以用三步实现这一目标：

1. 俯身贴在车把上，降低我的质心。
2. 急转弯。一开始急转弯就直立身体，这样来提高质心。
3. 再次开始直行。

为什么做这些动作会加速呢？请注意，由于额外的离心作用，转圈时地心引力会更大。[1] 要对抗更大的地心引力，我直立身体做的功，比我降低质心得到的功还要大。[2] 这些能量差就转化为我的动能增量。这与小孩子为秋千提供能量、体操运动员做大回环所适用的原理相同。

另一种解释：解释速度增量的另一种方法是使用角动量守恒。转弯时，我绕圆心的角动量是守恒的，因为我绕圆心的力矩为零（角动量守恒请参见附录A6）。坐直这个动作让我的质心离圆心更近，因此，要保持角动量不变，我的速度必须增加。

6.8 摩托车上增重

思考：你骑着一辆摩托车，沿正圆形匀速前进，转弯时稳定地倾斜。你的地心引力是多少？换句话说，你的表观重量是多少？

---

1 详细解释见下一个问题。

2 说到“我得到”能量时，我就在想象用重力能给电池充电，就像混合动力汽车刹车时那样。

答案：图 6.6 是自行车所受的两个力：(1) 地面的反作用力 R，(2) 身体受到的重力 W。反作用力 R 就是感觉到的重力。现在，这两个力的合力是向心力[1]，能让自行车绕圈行驶。因此这个合力指向圆心，也就是说，如图 6.6 所示，这是水平方向上的力。所以三角形 ABC 是一个直角三角形，角 A 与骑车人的倾斜角 θ 相同。由 $\triangle ABC$ 可知：

$$R = \frac{W}{\cos\theta} \tag{6.1}$$

由 $\cos\theta<1$ 可知 $R>W$；稳定转弯时人们总是感觉到地心引力增大了。$\theta=30°$ 相当于感觉到的重量增加了 15%。如果你能保持倾斜角 45°，重量就相对增加 41%。一个 180 磅[2] 的人会觉得有 254 磅重。而如果你倾斜 60°（这个倾斜角很大）你就会感觉自己的重力翻倍了。同样的公式也适用于飞机稳定转弯的情况。例如，要维持两倍重力的地心引力，飞行员必须将飞机倾斜 60°，机翼才能与垂直面形成 30°的夹角。这也表明，你驾车绕过坡道时体重会增加。你可以在绳子上挂一个重物来测量 θ 的大小，然后把 θ 代入式 (6.1) 中，就能知道自己重了多少。

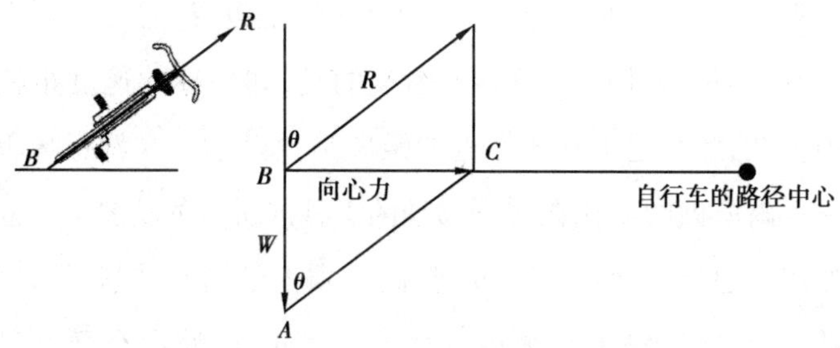

图 6.6　绕圈行驶时，表观重量增加

1　更多细节请参见附录 A9。

2　1 磅 = 0.453 592 37 千克。——译者注

6.9 踩自行车踏板，感受公式 $mv^2/2$ 中的平方

动能 K 指的是将质量 m 从静止状态加速至指定速度 v 所需的功。事实证明，$K=mv^2/2$，附录 A2.2 对此有解释。

思考：踩自行车时，如何感受到公式 $mv^2/2$ 中的平方？在平地上骑的车，没有空气阻力，也没有滚动阻力。

答案：由于 v 平方了，所以你的速度越快，每小时多走一英里需要的能量就越多。确实，从 v 加速到 $v+1$ 需要的能量为：

$$\frac{m(v+1)^2}{2}-\frac{mv^2}{2}=mv+\frac{m}{2}>mv$$

v 越大，能量消耗越大。

为了直观地理解能耗增加，现在想象一下，以恒定的力踩踏板就会以恒定加速度一直加速。[1] 因此，无论你的速度是快是慢，都同样需要 1 秒钟（比如说）来提速 1 英里[2]/小时。但令人沮丧的是，如果你的速度很快，你就必须快速踩踏板，因此在这 1 秒内你走的距离必须更远。这就意味着，你在快速移动的 1 秒内所做的功比在缓慢移动的 1 秒内所做的功要大。总而言之，为了保持加速度恒定不变，你的“发动机”必须稳定加速，同时保持大小相同的力。也就是说，功率输出必须稳定增长。因此，即使没有摩擦，生活在快车道上仍然很艰难，而摩擦力会让它变得更难。

1　摩擦、空气阻力等因素都忽略不计。根据牛顿第二定律，力恒定意味着加速度恒定。

2　1 英里＝1.609 344 千米。——译者注

问题：一辆汽车时速 70 英里比时速 10 英里要多用多少燃料？（忽略所有摩擦损耗，且假设发动机达到最佳效率）

解决方法：几乎多了 50 倍！的确如此：

$$\frac{K_{70}}{K_{10}} = \frac{m70^2/2}{m10^2/2} = 7^2 = 49$$

6.10　火箭悖论

正在加速的火箭：火箭燃烧一个单位燃料时，会使速度增加一定的量。无论火箭开始燃烧时的速度是多少，其增量都相同，[1] 这是因为火箭的加速度与火箭本身的速度无关。在这方面，火箭与自行车就不一样了：自行车速度越快，加速就越难。[2] 这种差异就有了以下令人费解的结论。

悖论：图 6.7 展示了两个安装在杆上的火箭，它可以绕支点 O 自由旋转。现在给火箭一个初始旋转速度 v，然后点燃发动机。燃料燃烧结束后，火箭的速度增加了 1 米/秒。无论初始速度 v 多大，速度增量都相同。现在，速度为 $v+1$，末动能为 $m(v+1)^2$，获得的动能是

$$\Delta K = \underbrace{m(v+1)^2}_{\text{之后}} - \underbrace{mv^2}_{\text{之前}} = 2mv + m$$

现在想象一下，速度 v 非常大，那么根据这个公式，能量增量 ΔK 可以想多大

1　一切都在失重状态下；速度是相对于惯性观察者测量的。

2　更多解释见 6.9 节。

就多大。因此，火箭可获得的动能比燃料中储存的能量更多！这真的对吗？

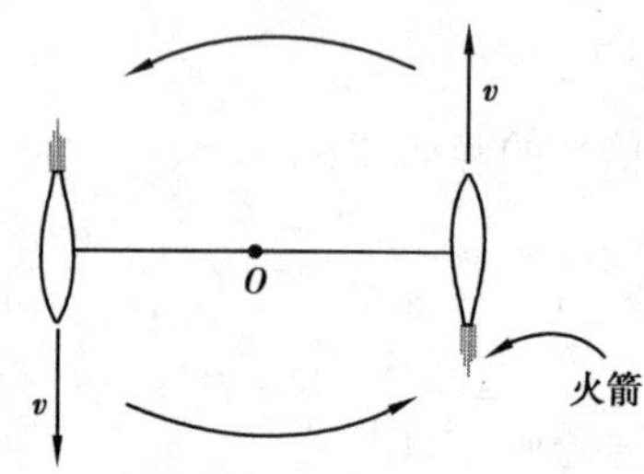

图 6.7 火箭可获得的动能比燃料中储存的能量更多。这怎么可能呢？

答案：结果可能会让人大吃一惊，最后一个问题的答案是“对的”：火箭在燃料燃烧过程中获得的动能可以大于燃料所产生的能量。但这并不违背能量守恒定理，因为另一样东西（喷出的燃料）失去了大量的动能。火箭速度很快，这种损失也很大。如果把这种损失考虑进去，悖论就消失了。

6.12 节对类似问题进行了更详尽的讨论。

6.11 咖啡火箭

有些咖啡机顶上有一个操纵杆，按压操纵杆就可以将咖啡抽到杯子里。

现在，向下喷射的咖啡对容器产生了一个向上的喷射力。当然，这个力太小了，没办法把容器抬起来，更别说克服手对操纵杆的压力了。这就引出了以下问题。

思考：原则上，咖啡机能否按比例进行设计，当按下杠杆时，整个咖啡机能从桌子上抬起来吗？

答案（一个跳跃的咖啡壶）：虽然有些奇怪，但答案是能。如图 6.8 所示，让杠

杆比率 L/l 非常大，只需施加一个极小的向下压力 f，我就可以在活塞上得到巨大的压缩力 F，从而获得极大的喷射力（F、L 与 f、l 区分大小写是提醒我们哪些量更大）。这样，喷射力可能会大于重力与向下压力 f 之和。问题是，我必须快速按压操纵杆一端：要保持高压就需要足够快的速度（见 5.3 节的伯努利定律）。但不幸的是，跳跃的咖啡壶确实是个玩笑，它不切实际。很遗憾，如果这个想法成功了，将会带来额外的惊喜：喷出的咖啡将以巨大的力冲到杯子上——这个力比咖啡壶的重力还大。

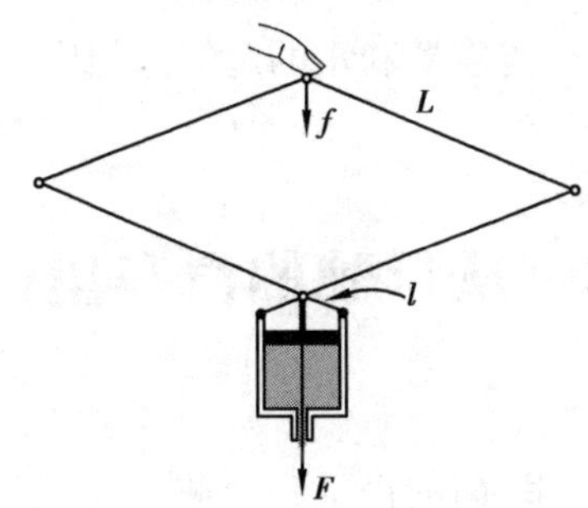

图 6.8　按压物体，有可能让这个物体从桌子上升起吗？

下面是对起飞这个想法的详细解释。想要起飞，喷射力 F_J 必须大于重力[1]与向下的推力 f 的和：

$$F_J > W + f \tag{6.2}$$

具体来说，我用 $f = W/2$ 的力向下压，那么上述起飞条件就变成了：

$$F_J > 1.5W \tag{6.3}$$

从直觉上讲，现在很清楚，如果活塞力 F 足够大，那么喷射力 F_J 就足够大，足

1　咖啡减少，壶的重量也就在减少，但我们忽略这些细枝末节。对那些要求更严格的人，我可以说：设 W 是咖啡喷出之前，壶最大的初始重量。

以符合式(6.3)。所以,我们要做的就是产生极大的活塞力,这可以通过大的杠杆比来实现。也就是说,根据杠杆法则 $F=(L/l)f$,因此只要让比值 L/l 足够大,F 就可以想多大就多大。

问题:如果我用大于咖啡机重力 W 的力 f 向下压,咖啡壶能不能飞起来呢?

问题:在压力作用下,水匀速地从一个容器喷入下方的另一个容器。两个容器都放在天平的托盘上。与容器和水的总重量相比,天平的读数将是多少?

6.12 从行驶的汽车里扔球

背景:我坐在行驶的汽车里,向前扔了一个球,[1]我就为球提供了动能。奇怪的是,在地面观察者看来,球获得的能量可以超过我肌肉消耗的能量。下一段会对此进行更详细的介绍。

细节:最初,球与汽车一起移动,速度为 v。我以 $v=1$ 的速度将球向前抛出;末速度就是 $v+1$。球的动能变化为:

$$\Delta K=\underbrace{\frac{m(v+1)^2}{2}}_{\text{之后}}-\underbrace{\frac{mv^2}{2}}_{\text{之前}}=\frac{m}{2}+mv \tag{6.4}$$

悖论:根据式(6.4)可知,投掷速度 v 均为 1 的情况下,汽车行驶速度越快,球获得的动能就越大!更令人惊讶的是,若车速足够快,球获得的能量可以超过肌肉所消耗的能量。如何解释这个悖论呢?

1　假设汽车在水平地面上因惯性向前行驶,没有任何摩擦。

解决方法：虽然式(6.4)有个错误(见下段)，但这个奇怪的结论仍是正确的。实际上，球获得的能量可以大于我手臂产生的能量。该悖论的解释为，增量来自汽车动能的补偿性损失。就算影响力极小，我们也不能像式(6.4)那样忽略了汽车上的变化。我把球向前抛出时，汽车就被向后推了，因此汽车的动能变小，算出这个减小量，就能得到正确的总动能增量。

能量平衡不是假的。假设没有摩擦，没有空气阻力，也没有其他干扰因素，下面就是这个悖论的精确解决方法。首先，我们求得扔出球后汽车的速度。其次，如图 6.9 所示，抛掷这个行为并没有改变整个系统的动量[1]：

$$(M + m)v = Mv_1 + m(v_1 + v) \tag{6.5}$$

式中，M 是汽车质量，m 是球的质量，v_1是汽车的新速度，v 是球抛出时相对于汽车的速度。总的动能变化[2]为：

$$\Delta K_{总} = \underbrace{\frac{Mv_1^2}{2}}_{新车} + \underbrace{\frac{m(v_1 + v)^2}{2}}_{新球} - \underbrace{\frac{(m + M)v^2}{2}}_{旧车+球} \tag{6.6}$$

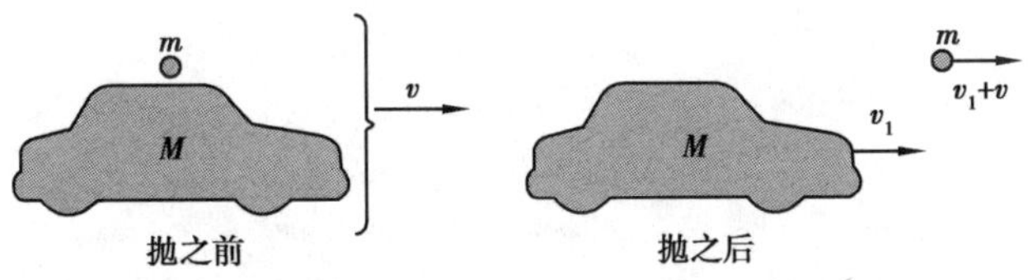

图 6.9　解决动能悖论

用式(6.5)，并消除部分代数，就可以将其化简为：

1　定义请参见附录 A4。

2　注意与式(6.4)的区别，式(6.4)只指球的动能变化。

$$\Delta K_{总} = \frac{mv^2}{2}\frac{M}{m+M} \tag{6.7}$$

讨论：

1. 根据式(6.7)，$\Delta K_{总}$并不由汽车的初始速度 v 决定，这与我们预期的一致。
2. 如果 $M>>m$，就像汽车和球一样，那么式(6.7)给出了 $\Delta K \approx mv^2/2$(就像汽车黏在地上了一样)，这也是符合预期的。
3. 能量的变化由两部分组成：

$$\Delta K_{总} = \Delta K_{球} + \Delta K_{车} = \frac{mv^2}{2}\frac{M}{m+M}$$

如果汽车行进速度很快，$\Delta K_{球}$将是大正数，$\Delta K_{车}$将是大负数。也就是说，球获得了大量能量，而汽车失去了大量能量。动能的净变化并不由汽车速度决定，这种变化在汽车与球之间如何分配而是由汽车速度决定的。

第 7 章

科里奥利力的悖论

7.1 什么是科里奥利力？

思考：想象一下，你正在旋转木马上玩球。旋转木马是封闭的，所以你看不到外面。你站在中心位置，想击中边缘的目标，就把球直接瞄准目标，但没打中，如图 7.1 所示，球向右偏离了。为什么会这样呢？重力忽略不计，且假设旋转木马在逆时针旋转。

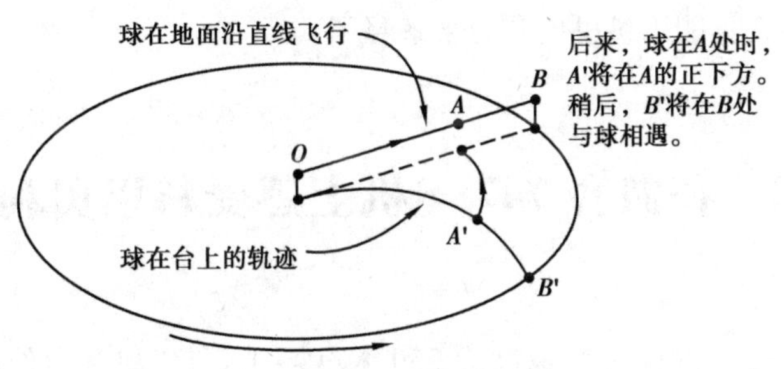

图 7.1　解释科里奥利力

答案:最简短的回答是:“球实际上是沿直线飞的,但台子转了,目标移动,球就会偏向目标的右边。在封闭的旋转空间里,看起来球似乎就向右偏移了。”

要更详细地描述这一点,那就想象一下,球在台上标记了路径,比如向下喷射墨水。[1] 虽然球是直线飞行,但如图解释的那样,平台在旋转,因此球留下的痕迹是弯曲的。对地面上的人来说,这种弯曲没什么神秘的。但是观察者在台上,觉得台子静止不动,就会产生一种看不见的力的幻觉。[2] 这个虚构的力就是科里奥利力。

我们生活的世界不断旋转,科里奥利力就发生在我们身边,它产生了气旋和反气旋,也影响着洋流。很多书都提到过关于科里奥利力的基础知识,例如阿诺德、戈尔茨坦、朗道和利夫希兹等人的作品。

思考:哈德逊河向南流,科里奥利力会把水流推向哪个方向?

答案:科里奥利力会将水流向西推。想象一下,有一滴水沿着子午线向南流动。由于地球自转,地球上的所有事物都向东移动,且离北极越远,移动速度越快。因此,哈德逊河中的那滴水离极点越远,向东移动的速度就越快。出于惯性作用,水滴会抗拒加速,反而推向河的西岸。相应地,水滴会感到自己被无形的力推向东方。对哈德逊河西岸情况而言,科里奥利压力可以解释,但为什么曼哈顿对面的新泽西州海岸很陡峭,而曼哈顿海岸却很平坦呢?这或许就不能用科里奥利力来解释了。

7.2 在波音 747 飞机上感受科里奥利力

思考:在喷气式客机(一般速度为 250 米/秒)上,科里奥利力作用在人身上

1 同样,重力忽略不计,想象球沿水平直线飞行。

2 地球就是这样一个台子。事实上,在人类历史的大部分时间里,人们都不知道它在旋转。

有多大?

答案:为了简化计算,假设飞机在北极附近飞行,那么地球可以看作一个平坦的圆盘,一个巨型旋转木马,围绕极轴旋转。在这种情况下,乘客感受到的科里奥利力[1]为:

$$F_{\text{科里奥利力}} = 2m\omega v \tag{7.1}$$

式中,m 是乘客的质量,ω 是地球的角速度,v 是喷气客机的速度。我们把 m 取整为 70 kg(原谅我的双关语[2]),$\omega = 2\pi/24 \cdot 3600$ 弧度/秒,$v = 250$ 米/秒。全部代入式(7.1),可以得到 $F_{\text{科里奥利力}} \approx 240$ g,也就是说,大约半斤!

这个力可以撑起一杯水!感受这个力大小的另一种方法,是看它让悬挂的钟摆偏转的角度 θ。这个角度以弧度为单位,接近于科里奥利力与重力 mg 的比值:

$$\theta \approx \tan\theta = \frac{2\omega v}{g}$$

这算出来大约是 1/600 弧度,约 0.1°。这就是理论上飞机为避免侧滑,必须达到的倾斜度。这说明翼尖之间的高度差有多大呢?粗略地说,就是翼幅与 1/600 的乘积。一架波音 747 的翼幅约 60 米,高度差就为 10 厘米。差异不是特别大,但有可能会很明显。

1　这个公式在前面提到的书里都可以找到。在第 8 章 8.2 节,我“证明”了同样的公式,但没有系数 2,请读者找出其中的错误。

2　原文的 a round figure 既可以指“取整”,也可以指“一个胖子”。——译者注

7.3　下水道里的科里奥利力

思考：人们常说，因为有科里奥利力，北半球的水才会顺时针流入下水道。这种说法正确吗？

答案：这种说法是错误的。确实存在科里奥利力，但它在马桶或浴缸里可以忽略不计。这种力在喷气式飞机上都很难注意到(见 7.2 节)，在水里就更难注意到了，水的运动速度比飞机慢好几千倍。水顺着下水道旋转是其他的原因。例如，有些马桶注水有一定角度，所以水进入马桶时就已经在旋转了。排水浴缸会产生旋转，是因为搅动的水有一定涡度[1]；只有当水汇集到排水口时，涡度才会变得明显。就算一开始水是静止状态，也会顺着排水口旋转，另一个原因是浴缸的不对称性和水的黏性共同作用。图 7.2 给出了一个浴缸逆向排水的例子——无论浴缸是在波士顿还是在布宜诺斯艾利斯。

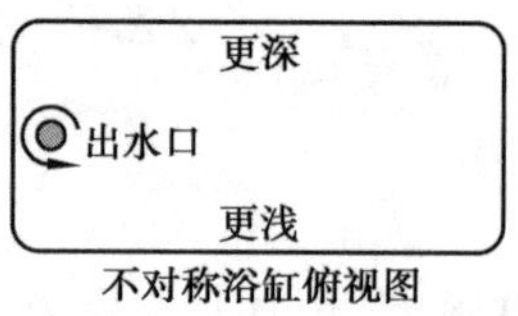

图 7.2　水旋转流入下水道可能是浴缸的不对称性和水的黏性共同作用的结果

7.4　高气压和好天气

思考：高压称为反气旋[2]，在北半球顺时针旋转。为什么高压与顺时针旋转总是一起出现？

1　涡度的定义见第 5 章 5.7 节。

2　前缀“反”表示与地球旋转方向相反。

答案：这一效应是由科里奥利力引起的。想象一下，空气最初从中心扩散，如图 7.3a 所示。每个粒子都能感受到科里奥利力要将其向右偏移。[1] 这会让粒子偏离径向路径，转而顺时针旋转。我们可以想象一下最终的平衡环流，环流粒子所受的科里奥利力将反气旋中心的高压圈住，就像牧羊犬围着羊群跑，越跑圈越小（见图 7.3）。

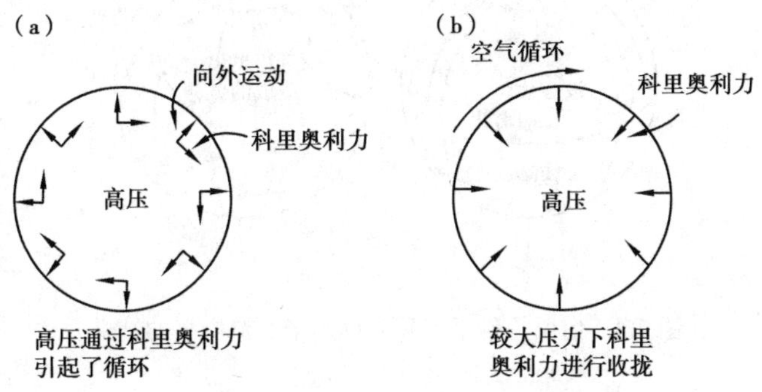

图 7.3　由于科里奥利力的作用，较高压总是与反气旋一起出现

为什么反气旋总会与好天气一起出现？由于中心高空气流的高压较大，空气向下移动，压缩升温，[2] 云层"融化"。而在气旋中，情况正好相反，空气上升，膨胀冷却，水分凝结，形成云层。

7.5　信风的成因

信风稳定地从东方吹来，形成赤道带。那信风的成因是什么呢？

其成因是对流和科里奥利力的共同作用。以下解释进行了极大简化，但抓住了关键要素。

1.较冷空气从高纬度地区向南沉降到赤道；这种流动发生在大气底层，

1　就像 7.1 节哈德逊河中的那团水。

2　此处的压缩升温在第 10 章 10.2 节有解释。

就像在冬天,冷空气通过一扇开着的门,沿着地板溢到房间里。

2. 如图 7.4 所示,现在,南下的气流受科里奥利力的影响,向西偏转。

3. 一旦靠近赤道,空气就会变热,随后上升,并向北移动到高海拔地区。

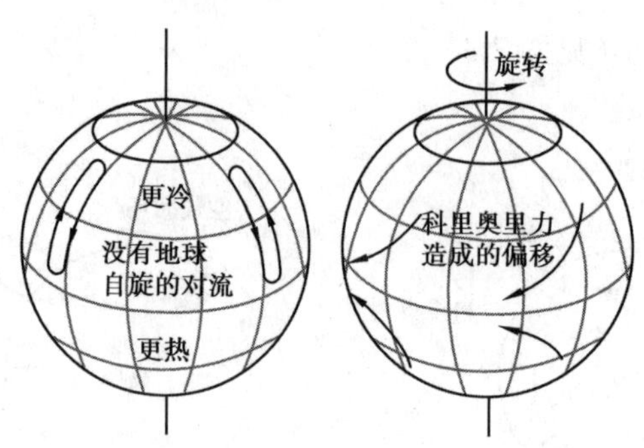

图 7.4 信风是科里奥利力作用于对流空气的结果

大气层是一台发动机,燃料就是太阳能。大气层从太阳辐射中吸收热量,然后通过辐射冷却将热量散发到外太空。一小部分太阳能为大气运动提供动力,以消除摩擦力。然后,摩擦力会转化成热量并辐射出去。结果就是,太阳能在前往外太空的路上穿过地球,但在此过程中搅动了大气层。地球及其上面所有的物质,包括人类,就像一个有机体,吸收了太阳能,然后等量传递出去,只是形式不同,或者说光谱部分不同而已。

第 8 章

离心悖论

8.1 哪条路线更便宜：是往东飞还是往西飞？

问题：航班从波士顿向东飞到伦敦，消耗的燃料比回程所用燃料要少，这是因为急流大致上是向东吹的。但是，如果急流神奇地消失了呢——这种油耗差异也会消失吗？为了突出重点，我们用赤道上的两点 A 和 B 来代替波士顿和伦敦。提问：无风情况下，东行 AB 与西行 BA 消耗的燃油量是否相同？

解决方法：由于地球自转，向东走消耗的燃料较少。赤道上每一点都绕着地球中心运行。往东走，飞机与地球自转方向相同，从而提高了它绕地心运动的轨道速度。增加的离心力会让飞机变得更轻。飞机更轻，使用的燃料就更少。

那轻了多少？飞行速度 250 米/秒，重量差[1]约为 1%的 2/3。一架满载的波音 747 能轻易达到 300 吨。向东走比向西走，大约轻了 2 吨——约 30

1　这下解决了其中一个问题。重量差与实际重量的比率为 $4v\omega/g$，式中 v 是飞机速度，ω 是地球角速度，g 是重力加速度。

个人的重量(不包括行李)!

实际上,我们可以把飞机看作运动极为缓慢的卫星——大部分重量由机翼承担,只有小部分重量由离心力支持。

现实看来,急流的影响比离心力的影响大得多。

问题:"离心力减轻量"与飞机重量的比例是多少?

解决方法:东行和西行的重量之差就是离心力之差:[1]

$$\Delta W = \frac{mv_{向东}^2}{R} - \frac{mv_{向西}^2}{R} = \frac{m}{R}((\omega R + v)^2 - (\omega R - v)^2)$$

这里 ω 是地球角速度,R 是地球半径,v 是飞机速度。经过平方和抵消,得到:

$$\Delta W = 4m\omega v$$

与重量的比值为:

$$\frac{\Delta W}{W} = \frac{4m\omega v}{mg} = 4\frac{\omega v}{g}$$

8.2 科里奥利悖论

一个人以恒定速度 v 在转台上行走,转台恒定角速度为 ω,他所受科里奥利加速度(又名科氏加速度)为:

1 见附录 A9。

$$a_{\text{科里奥利}} = 2\omega v \tag{8.1}$$

这在参考文献提到的许多力学书籍中都有证明。下一段给出了同一公式的简短“证明”,但没有系数“2”:

$$a_{\text{科里奥利}} = \omega v \tag{8.2}$$

思考:在这个“证明”里,你能找到我在哪儿丢了一半科里奥利力吗?

式(8.2)的“证明”:想象一下,我在转台上以速度 v 沿着半径行走(见图 8.1),在时间 Δt 内,我从转台中心走到与中心的距离 $r=v\Delta t$。由于平台在旋转,现在我垂直于半径的速度 $\omega r=\omega vc\Delta t$。因此,我垂直于半径的速度在时间 Δt 内的变化量为 $\Delta v=\omega v\Delta t$,因此我的加速度为:

$$\Delta v/\Delta t = \omega v\Delta t/\Delta t = \omega v$$

式(8.2)得证。错在哪儿呢?

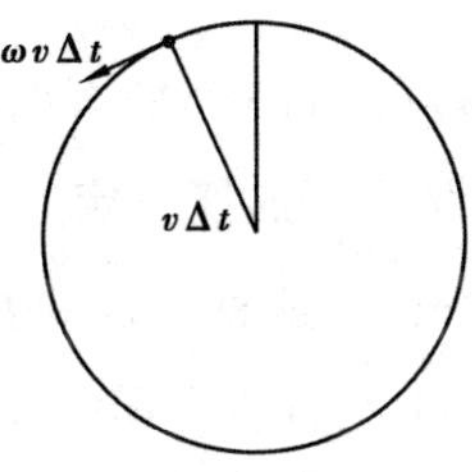

图 8.1　式(8.2)的“证明”有什么问题?

解决方法：图 8.1 中的速度错了；正确的草图如图 8.2 所示。这一“证明”忽略了一个事实，那就是我行走的半径已经变了（变成了 $\omega\Delta t$），我的速度矢量也随之改变，产生了一个额外的分量 $v\sin(\omega\Delta t)\approx\omega v\Delta t$。这就是缺的那一半！总之，式(8.1)中系数“2”是由两个因素造成的：

(1)平台上各点间的速度差异；

(2)平台转动造成行人的方向变化。

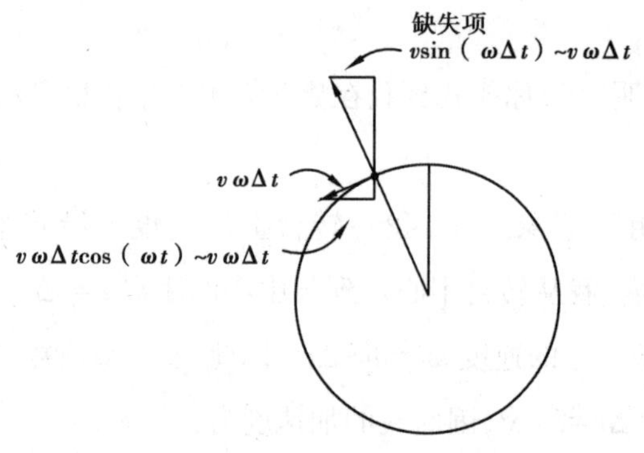

图 8.2 解决科里奥利力中缺少一半的悖论

8.3 神奇的倒立钟摆：什么在支撑它？

思考：钟摆（就是棍子上的垂球）有两个平衡点，其中最上面的平衡点不稳定：一丁点儿空气都会让钟摆开始摇摆不定。当然，我们可以让它保持平衡，就像平衡手掌上的扫帚一样。这种平衡需要根据钟摆运动做出机敏的反应。但是，如果我们在，比如说，垂直方向上振动支点，钟摆会有怎样的表现呢？

答案：100 多年前，人们发现，如果支点在垂直方向上振动得足够快，那钟摆的倒立点就会变得稳定。[1] 这一事实令人震惊,它与人们反馈的平衡完全不同:摆动的支点并不“知道”钟摆在做什么,也不会以任何方式对钟摆运动做出反应。令人惊讶的是,振动竟然会产生差异:为什么快速的上下运动没有相互抵消呢?为什么振动会有利于稳定,而不是不稳定呢?

一个实验:图 8.3 是一根铝棒,可以在钢丝锯的锯条上转动(也可在网上搜索相关视频)。启动钢丝锯,让锯条在往复运动中快速地来回振动——大概每秒 30 次。感觉就像无形的弹簧想让铝棒和锯条对齐一样。如图 8.3b 所示,如果我把刀片对准右边,这个“弹簧”的强度足以让钟摆大致保持在水平位置。

思考:为什么振动能稳定钟摆?(拜托不要再列公式了。)

答案:与其像图 8.3 中那样用一根棍子,还不如把钟摆看成无重量棍子末端的一个小垂球。支点加速度较大,相比之下,重力很小,可以暂时忽略。垂球交替感受着棍子的巨大拉力和巨大推力。由于推力和拉力正好与棍子对齐,所以垂球总是沿着棍子的瞬时方向移动。因此,小球会沿弯曲路径移动,如图 8.4a 所示。人们将这种路径称为追踪曲线,或是曳物线。[2] 我暂时把小球绑在这种曳物线上。这样绑着完全没有影响,并不会干扰棍子强烈的推力和拉力。这样一绑,垂球会沿短弧 *AB* 进行快速地来回振动。如图 8.4b所示,垂球将用离心力推动这段弯曲的弧线。也就是说,小球“想”往离心力方向走!因此,如果解了绑,小球就会遵从自己的愿望。如果振动足够强烈,这个力会大大超过重力造成的不稳定力,[3] 摆就会竖立起来。这就解释了稳定性。

1　A.Stephenson,“On a new type of dynamical stability,”Manchester Memoirs 52(1908),p.110.

2　从科学的角度来解释,曳物线的性质定义是这样的:曳物线与给定线之间的切线段长度不变。如果我将一辆自行车的前轮沿直线滚动,它的后轮就会在曳物线上滚动。

3　更多细节可见期刊 Physica D 1999 年第 132 期第 158 页列维的论文。值得注意的是,只需要几行字,就可以将直观的想法转换成稳定性标准:如果 $\langle v^2 \rangle \geqslant gl$,则倒立点稳定,式中 v 是支点速度,$\langle \cdot \rangle$ 表示绕钢丝锯一周的平均值;l 是钟摆长度。物理解释代替了过于冗长的正式计算,还有额外的好处,就是解释了“发生了什么”。

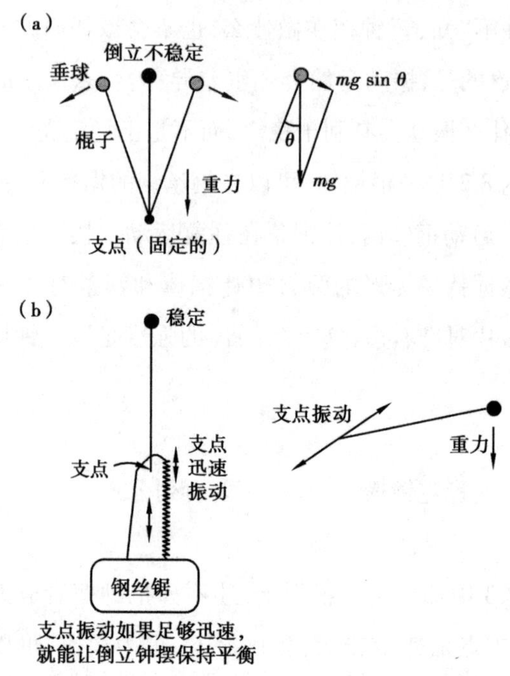

图 8.3 (a)倒立的钟摆不稳定,但如果支点在垂直方向上振动,就可能变得稳定,如图(b)所示

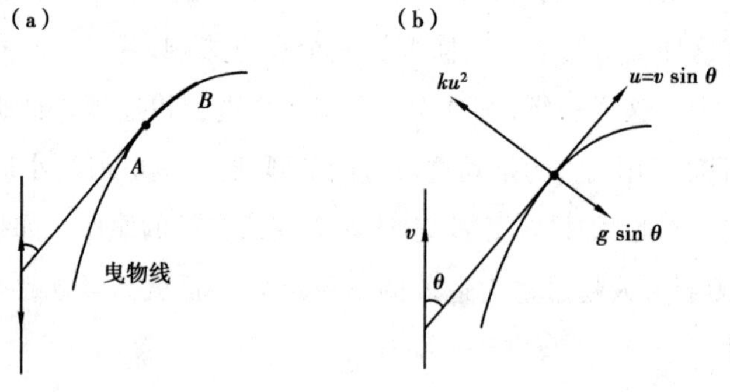

图 8.4 看不见的离心力是倒立的振动钟摆保持稳定的原因

保罗陷阱:这个惊人的现象被发现至少已经有一个世纪的历史了,据我所知,最早提及这一现象是斯蒂芬森,发表在他 1908 年的论文里。保罗陷阱就

是利用振动达到同样的稳定效果,只是表现形式不同——此处是利用振动电场将带电粒子悬浮在真空中的装置。[1] 沃尔夫冈・保罗因这项发明获得了诺贝尔物理学奖。保罗对这种效应的解释基于微分方程。这你可没办法随便跟路人解释。

8.4　反重力糖蜜

思考:有一个带盖子的罐子,里面装着半罐糖蜜或其他类似蜂蜜的液体。如果把罐子倒立,糖浆肯定会倒出来。那么,有没有可能让罐子移动,就算是倒立,糖蜜也不会倒出来呢(见图 8.5)? 也就是说,能不能让糖浆保持倒立平衡?

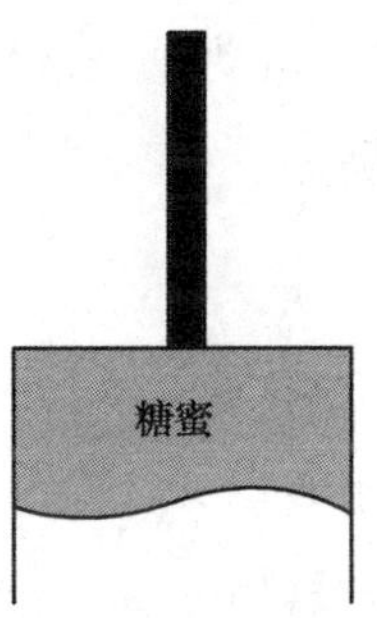

图 8.5　振动让糖蜜不会从倒立的罐子里倒出来

答案:可以。如果罐子沿轴线方向快速振动,倒立后糖蜜也不会倒出来。[2] 我用车库和厨房里简单的几样东西再现了这个实验。启动钢丝锯,罐子沿轴线方向振动。整个组合倒立过来,糖蜜并没有倒出来,反而奇迹般地保持

1　在钢丝锯实验中,如果我自己置身于支点的参照系中,也会感觉像有重力在振动。

2　实验描述可参见 M.M.Michaclis and T.Woodward,American Journal of physics 59(9),pp.816-821;理论讨论可参见 G.H.Wolf ,Physical Review Letters 24(1970),pp.444-446。

着倒立状态，就像重力被逆转了一样。不知怎的，振动让糖蜜表面仍然平坦，也没有倾倒出来。更令人惊讶的是，如果我把罐子翻过来（钢丝锯仍然启动着），糖蜜表面会是垂直的，就像红海分开的水墙。

8.5 “证明”吊索无法工作

悖论：我正转动着绳子上的一块石头，石头受到绳子拉力 T 的作用。拉力直接指向点 P（支点），也就是手指握住绳子的地方。因此，T 相对于 P 的力矩[1]是零。但是，零力矩意味着角动量没有变化，也就是说，Lv 是常量，式中 L 是绳子的长度，v 是与绳子垂直的石头的速度。因此，v 不会改变——但这个结论是错的，和歌利亚[2]发现的一样。错在哪儿呢？

答案：在加速框架下，力矩为 0→角动量是常数这一推导无效。当我尝试转动绳子时，手指框架肯定是加速的。

吊索如何工作？图 8.6 说明了答案。实际上，这就形成了一个总是顺着斜坡滑动的钟摆，追赶着逃离底部平衡点 B。我的手，也就是钟摆的支点 P，如果在绕圈转着，且越转越快。观察者摸着点 P 就能感受到图中所示的重力，并且能观察到石头加速“向下”靠近平衡点 B，就像钟摆加速向下靠近最低点一样。但点 B 沿逆时针方向“逃跑”了，石头就追着 B 走，甚至加速追赶。

下一个悖论将这一问题带到了令人惊讶的极限程度。

1　这些概念的定义请参见附录 A5。

2　见 8.6 节脚注对大卫、歌利亚的解释。

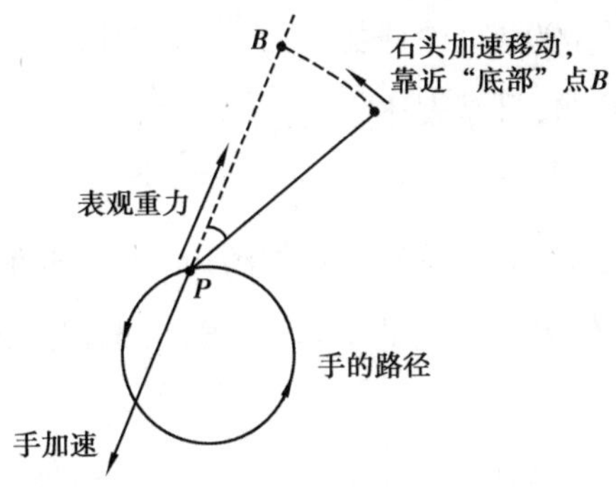

图 8.6　吊索就是追着逃跑的平衡点的钟摆

8.6　大卫-歌利亚[1]问题

下面的悖论产生于对前面“旋转石头”问题的思考。这个问题的答案起初可能很难让人相信。前一个问题提到，吊索本质上就是绳子上的一块石头，旋转后又释放掉。[2]

吊索问题：我用绳子的一端绕圈，让石头在更大的同心圆内运动，绳子和石头的速度之间有一个恒定 45°的“引导”角 θ。受到绳子张力的切向分量 T_t 的作用，石头的旋转速度会越来越快。（为了保持恒定的 45°角，我的手指也就必须加快旋转速度）。假设石头在半径为 1 米的圆周上运动，你能大胆猜测一下，这块石头从 1 米/秒的初始速度加速到音速（330 米/秒）需要多长时

1　《圣经》记载，歌利亚是个久经沙场的战士，他的身高是 2.7 米至 3 米，歌利亚的武器装备精良，他一身装备大约 57 公斤重，仅仅手上的长枪就有 7 公斤重。而大卫是个名不见经传的少年，而个子小，没穿战衣，用称不上武器的“甩石的机弦”将歌利亚打败。这种“甩石的机弦”是一种威力极大的武器，可以用来击杀侵犯羊群的野兽。机弦用皮带做成，几根皮带糅在一起，一端挽在腕上，一端卷住石头握在手上。用机弦的人挥动皮带，旋转到一定速度，放手让石头脱带飞去，杀伤力是致命的。——译者注

2　重力全程忽略不计。

间？到光速(300 000 000 米/秒)呢？[1]

下面是同一个问题，只是表述不同：

火箭问题：一枚玩具火箭在半径为 1 米的圆内飞行，其推进器与轨迹成固定 45°角 α(见图 8.7)。[2] 火箭速度从 1 米/秒增加到音速需要多长时间？到光速呢？

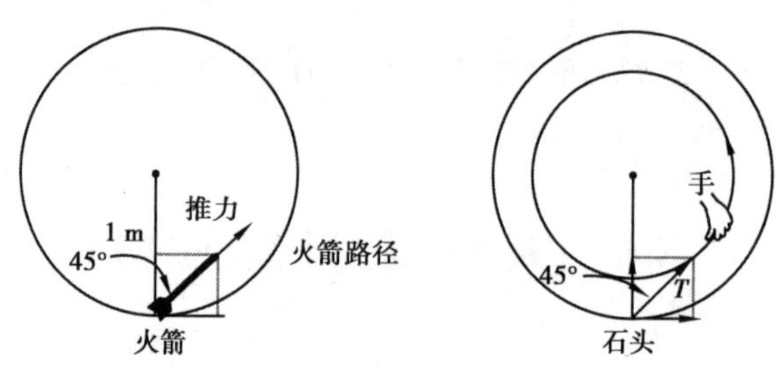

图 8.7 加速度与速度的平方成正比

解决方法：石头(或火箭)超过光速只需要不到 1 秒，更不用说超过音速了！实际上，时间接近 1 秒时，速度就会变得无穷大。这就意味着，原则上不可能让石头旋转一圈，永远保持恒定 45°的引导角(或其他任何非零角度)。下面是解释。

解释：我将证明，石头的切向加速度 a 与速度 v 的平方成正比——事实上，$a=v^2$。也就是说，v 的变化率与 v^2 成正比。根据下一段的微积分论点，在有限时间内，这一数字将变为无限大。

精确细节：由于拉力 T 和切线之间的角度是 45°，从图 8.7 可以得出结论，T

---

1 假设牛顿力学适用于所有速度，因此物体的运动速度可以超过光速。重力、空气阻力对绳子和对人的力量限制都忽略不计。

2 这需要推力不断增加。

的切向分量和径向分量相等。那么切向加速度和向心加速度也相等：$a=a_c$。而向心加速度（相关定义见附录 A8）是由 $a_c=v^2/r=v^2$（还记得 $r=1$ m 吧）决定的，因此可以得出结论：

$$a = v^2 \tag{8.3}$$

现在我们要用微积分来证明，因为这个关系式，v 会在有限时间内接近无穷大。式（8.3）相当于：

$$\frac{1}{v^2}\frac{\mathrm{d}v}{\mathrm{d}t} = 1 \tag{8.4}$$

取反导数得到：

$$-\frac{1}{v} = t + c$$

回顾 $t=0$ 时 $v=1$，得到 $c=-1$。这样就得到：

$$v = \frac{1}{1-t}$$

$t=0.999\,9$ 秒时，得出 $v=10\,000$ 米/秒——这一速度足以将石头发射到地球轨道上，也几乎足以完全摆脱地球引力的限制。

$t=0.999\,999$ 秒时，石头速度将超过光速。在 1 秒结束前的某个时刻，石头的动能将超过太阳和宇宙中所有其他恒星的总能量。合理假设就到这儿吧。

思考：当 $t>1$ 时，得到 $v=1/(1-t)<0$，这表示石头会往回运动。如何解释这一荒谬的结论？

答案：当 $t>1$ 时，公式 $v=1/(1-t)$ 就不再适用了。

奇怪的银行账户：我们知道，如果量 v 的变化率 dv/dt 与 v^2 成正比，那么 v 在有限的时间内会变得无限大。想象一下，一家银行决定根据这一原则进行复利，也就是说，让余额 v 按照这一规则[1]变化——利息与现在美元数额的平方成正比。这对客户来说将是一场梦幻交易（对银行来说则是一场噩梦），尤其是余额会在有限时间内达到无穷大。然而，如果客户愚蠢到等过了那个时刻（前面的例子中 $t=1$），余额就会变成负数。[2] 突然间，一笔巨资变成了巨债（数学可以模仿生活）。如果某样东西在有限时间内逃到正无穷，那它会从负无穷重新进入数轴。

有了这个奇怪的复利，客户可以通过合并账户来受益。例如，如果两个相等的账户合并成一个，利息将增加四倍，因为 $(2v)^2=4v^2$，或每人的利息增加一倍。这会让客户变得更加接近超级富有的状态。指数复利 $dv/dt=kv$，也就是现实中使用的复利，是唯一公平的复利类型，客户合并账户既不会获益也不会亏损。[3] 还有一件事：使用指数复利，无论用美元、美分还是欧元衡量 v，利润都是一样的。而 $dv/dt=v^2$ 型则不然：当你说服银行用美分来衡量财富时，你的致富率就会增加 100 倍！

8.7 管道中的水

思考：图 8.8 展示的是流经弯管的水。水接近弯道时，想要继续直行，就要把管道推向转弯前的方向，如图中的水平力箭头所示。这个水平方向是对的吗？

---

1 也就是说，采用 $du/dt=kv^2$，而不是连续复利的一般规则 $du/dt=kv$。

2 只要他使用我们推导出来的解 $v=1/(1-t)$，过了炸点；过了 $t=1$ 这一时刻，这个公式能否适用就是个有争论的问题，只能由法官来决定。

3 换句话说，管理账户余额的微分方程是线性的。这样的方程，两个解之和仍是一个解，这意味着集合账户的余额与两个分开账户的余额之和相同。

答案:图 8.8 是错的:这个力实际上指向的是“东北”,与管道的两个直线部分形成 45°。我们不能忽视这个事实:既然水向“南”转,就必须向“北”推动管道。说得更规范一点,考虑一下,水粒子转弯时,其动量会发生什么变化。该粒子的速度从 v 变为 v'(见图 8.8);速度变化 $\Delta v = v' - v$ 是直角的平分线。根据牛顿第二定律,作用于水粒子上的平均力与速度变化一致。根据牛顿第三定律,水对管道施加的力大小相等,方向相反。

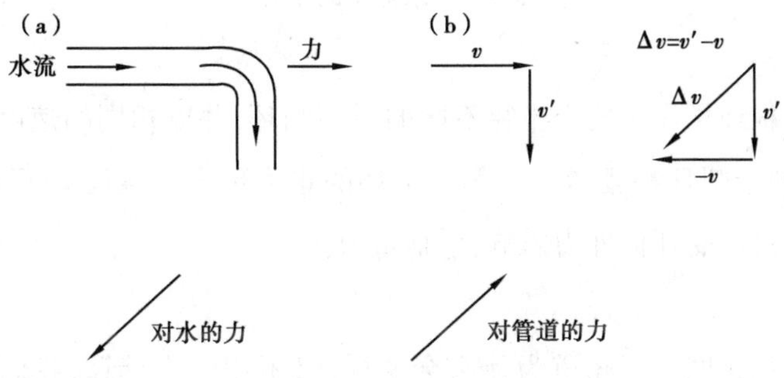

图 8.8　水撞到弯道时,会把管道推向哪个方向?

另一种观点:下面是另一种方法,可以迅速看出图 8.8 中的答案是错的。笼统地说,管道上的力由所有经过弯道的粒子离心力组成,而每个粒子所受的离心力由 mv^2/r 决定,关键是 v^2 为正。因此,将 v 改为 $-v$ 并不会改变这个力。但是根据图 8.8a,如果流向相反,力就会不同。所以这个图是错的。

8.8　哪个张力更大?

下面这个问题的答案让人惊讶,解决方案很简单,结果却让人惊讶,详述参见 8.9 节。

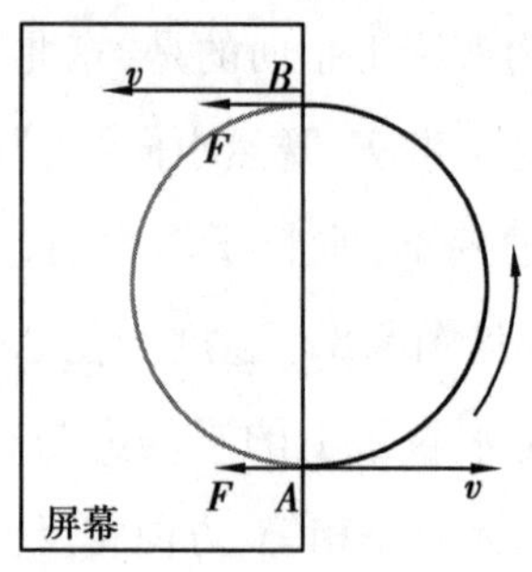

图 8.9 求绳子的张力

问题:用一根绳子做了两个半径不同的封闭圆环,并以相同的速度旋转。离心作用让两个圆环都绷紧了。哪一个环的张力更大?假设绳子十分柔韧,无法拉伸,且不受任何外力影响,包括重力。

答案:张力都相同。要知道为什么会这样,又不用怎么计算,我们就只关注圆环的一半(见图 8.9),用屏幕遮住圆的一半,这样就不必看到它了。可以看到,材料在 A 处注入,在 B 处以相同速度 v 喷出。在入口与出口之间,每个粒子的速度变化为 $2v$。引起速度变化的力就是 A 与 B 处的张力 F。为了求得 F,我们等待一段时间 Δt(最后会抵消)。在时间 Δt 内,一定质量 Δm 在 A 处注入,同样的质量在 B 处喷出,也就是说,质量 Δm 在时间 Δt 内将速度改变了 $2v$。根据牛顿第二定律,$F=ma=m\Delta v/\Delta t$,可以得到:

$$(2F)\Delta t = \Delta m \cdot (2v)$$

或

$$F = \frac{\Delta m}{\Delta t}v$$

现在 $\Delta m=\rho \cdot (v\Delta t)$,式中 ρ 是线性密度(每单位长度的质量)。将其代

入最后一个表达式，可以得到

$$F=\rho v^2$$

所以张力确实不由圆的半径决定的——只由 v 和 ρ 决定。

要证明张力 F 独立于半径，更简短的证明是在半圆上，注意，力 $2F$ 让质心保持在圆形轨道上：

$$2F=\frac{mu^2}{r}$$

式中，m 是半圆的质量，r 是半圆质心到几何中心的距离。还需要注意的是：

(1)由于 m 和 r 都与 R 成正比，m/r 并不由半径 R 决定。

(2)u 也不由 R 决定(只由 v 决定)。

因此，F 也不由 R 决定。

8.9　失重状态下滑行绳索

绳索也可以有非常惊人的表现，下面就是一个例子。如果将一根绳子[1]绕成圆环，让它在失重状态下旋转(见图 8.9)，绳子会保持圆环形状。

思考：绳索粒子沿曲线循环时，除了圆形外，还有什么形状可以保持不变？例如，给定与曲线相切的初始速度，图 8.10 中的这些形状会不会保持不变？想象一下，有一根十分柔韧的软管装满了水，水在软管内循环流动，没有摩擦。图 8.10 中哪些形状会保持不变？

1　我们用的绳子很理想化：它不伸展，不耐弯曲，而且非常细。例如类似用小球连成的链条，就是银行拴笔那种。

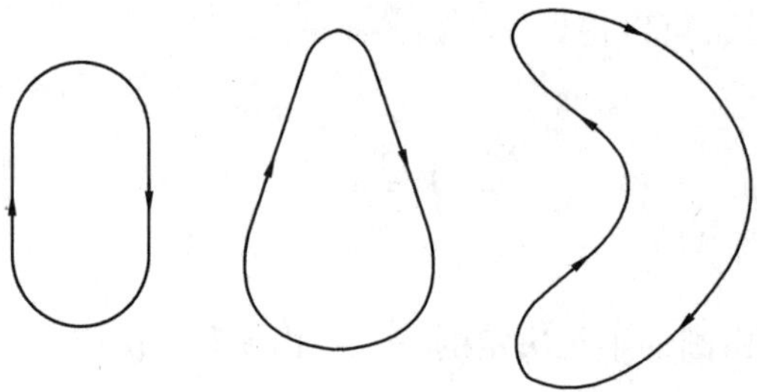

图 8.10 每个粒子的初始速度都与曲线相切。如箭头所示，这些形状在失重状态下，哪一个会保持不变？

答案：一开始可能难以相信，但根据上一段的假设，所有光滑的形状都会保持不变。[1]

解释：只要我们想起圆形绳索的张力与半径无关（从 8.8 节开始），就能知道这个奇怪事实的原因了。串联不同半径的圆弧，可以以此接近曲线。圆弧的张力都相同，所以绳子肯定会保持形状不变。

更严谨的解释：这要用到一点微积分知识。把牛顿第二定律应用于移动的绳子，我们就用绳子上的粒子与标记点的距离 s 来进行标记。用 $r(s,t)$ 表示这个粒子在时间 t 的位置矢量（见图 8.11）。

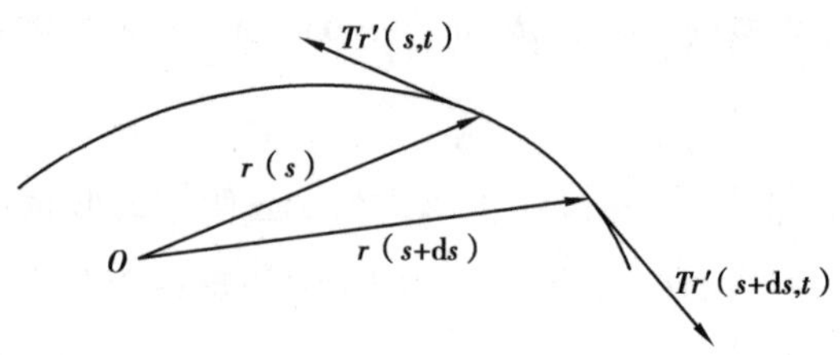

图 8.11 移动链条上的牛顿第二定律

1 E.J.Routh, Dynamics of a System of Rigid Bodies, Part 2, 4th ed.(London: MacMillan and Co., 1884) pp.299-300.

如我在下一段展示的,牛顿第二定律指出:

$$\rho\ddot{\mathbf{r}} = (T\mathbf{r}')' \tag{8.5}$$

式中,每个点表示一个时间导数,$'=\partial/\partial s$,$T=T(s,t)$ 是绳子的张力。此外,绳子无法伸长:

$$\| \mathbf{r}' \| = 1 \tag{8.6}$$

式中,$\| \cdot \|$ 表示一个矢量的长度。式(8.5)-式(8.6)构成了未知函数 r 和 T 的完整系统。现在很容易证明,绳子的所有“滑行”运动都能保持前面所说的形状。取任意一条封闭曲线,用弧长对其进行参数化:$R=R(s)$。如果一个粒子从 $R(s)$ 开始,以速度 v 沿曲线滑行,那么在时间 t 内,它将到达 $R(s+vt)$。如果把 $r(s,t)=R(s+vt)$ 和 $T=\rho v^2$ 代入式(8.5)-式(8.6),得到的结果与直接验证相同。这就证明了这一观点。

剩下的就是推导出式(8.5)。恰好有两个力作用在弧$(s,s+\mathrm{d}s)$上——弧线两端的拉力。其合力是$(T\mathbf{r}')s+\mathrm{d}s-(T\mathbf{r}')s$,式中 t 在符号中的相关性被抑制住了。弧线的质心在平均位置 $(1/\mathrm{d}s)\int_s^{s+\mathrm{d}s}\mathbf{r}(\sigma,t)\,\mathrm{d}\sigma$;质心的加速度是第二时间导数:$a=(1/\mathrm{d}s)\int_s^{s+\mathrm{d}s}\ddot{\mathbf{r}}(\sigma,t)\,\mathrm{d}\sigma$。

弧线的质量为 $m=\rho\mathrm{d}s$,这里 ρ 是线性密度,即每单位长度的质量。牛顿第二定律 $ma=F$ 变成:

$$(\rho\mathrm{d}s)\,\frac{1}{\mathrm{d}s}\int_s^{s+\mathrm{d}s}\rho\ddot{\mathbf{r}}(\sigma,t)\,\mathrm{d}\sigma = (T\mathbf{r}')_{s+\mathrm{d}s} - (T\mathbf{r}')_s$$

两边都除以 ds 并取 ds 趋近于 0,结果就是式(8.5)。

下面有些有趣的事实/问题，供熟悉矢量微积分的读者参考：

1. 证明平面绳“滑行”运动的角动量等于 ρvA，其中 v 是速度，A 是绳子围住的面积。
2. 证明空间绳“滑行”运动的角动量 Z 分量是 ρvA_{xy}，其中 A_{xy} 是绳索在 xy 平面上投影的(有向)面积。类似的表述也适用于一条直线与垂直于它的平面。
3. 将绳索循环定义为 $\int v_{\text{tangent}}\,\mathrm{d}s$，这是切向速度对曲线长度的积分。该公式证明，假设绳子在失重状态下是自由的，那么绳索的所有自由运动(不仅仅是“滑行”运动)循环都将保持不变。

第 9 章

涉及陀螺的悖论

9.1 陀螺为什么可以无视重力？

陀螺旋转时，能保持直立状态，并不是因为它可以对抗重力，而是因为有一种偏转力在起作用，这个力很奇特，它的方向始终垂直于陀螺中心轴运动的方向。这个偏转力使陀螺保持稳定，如图 9.3 所示，陀螺刚要倾斜，紧接着它又转了回来。在下一段中，我会用牛顿第二定律解释这个“陀螺力”。

无视重力的自行车轮：我们用一个自行车轮子当“陀螺”，用两根绳子把它吊起来，如图 9.1 所示，并让其快速旋转。现在，剪断一根绳子。奇妙的事情发生了，失去一端支撑的轮子并没有跌落[1]，反而会进行缓慢的旋进。轮子转得越快，旋进越慢。

思考：为什么这个轮子能无视重力而不跌落？

1　前提是轮子转得足够快。

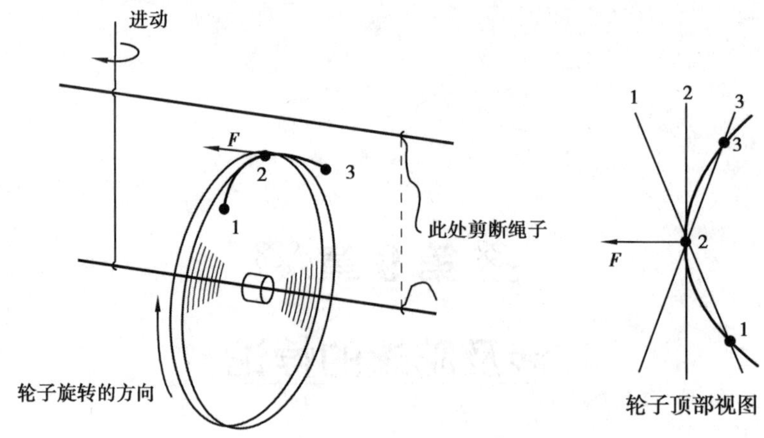

图 9.1　陀螺旋转要旨:绳子被剪断后,粒子的惯性让轮子不下落

答案:简而言之,离心力是造成这一现象的原因。并且跟大多数人首先想到的不同,这个离心力是垂直的!

让我们来看看轮轴进动时旋转的轮子,图 9.2 所示的是轮子顶部一粒子的运动轨迹。

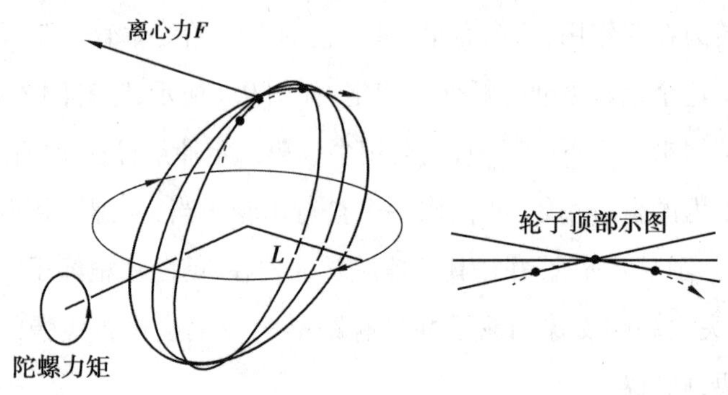

图 9.2　陀螺效应详细剖析图

轮轴不停改变方向,造成运动轨迹弯曲。图 9.2 中的粒子因惯性,要继续进行直线运动,如图 9.2 所示的离心力 F 在抵抗偏转运动。轮子底部一粒子也在施加一个相似的力:$-F$。这些力的综合作用,让人以为是有一个看不见的力

矩在让轮子绕着 L 线旋转。正因为有了这个力矩,轮子才不会掉下来。

一种奇特的力:轮子在旋转中产生的这一奇妙的力,类似于运动电荷上的磁力,但与摩擦力不同,这种力垂直于轴运动的方向。如图 9.3 所示,将轮轴的一端放在地上(使末端只能转动,而不能滑动),把它变为一个陀螺,这样可以更精确地加以演示。接着移动未被固定的轴 A 端。为了更简单明了,我们在这里不考虑重力。

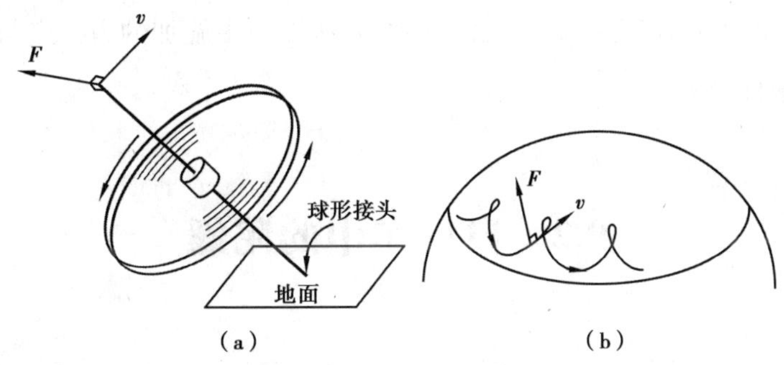

图 9.3　(a)要使轮轴稳定运动,就要施加一个垂直于运动方向的恒定力。(b)陀螺效应造成的不断偏转,防止其顶部倾倒

思考:朝哪个方向推动陀螺轴的 A 端,才能使 A 匀速移动?

答案:必须施加垂直于预期运动方向的力(见图 9.3)! 在 6.5 节讨论自行车车轮的旋转和进动时已经给出了解释。实际在玩陀螺时,会有一种奇妙的感觉:推动陀螺轴时,它会朝与推动方向成直角的方向运动。一旦熟悉了这种运动方式,就可以很轻松地朝任意方向改变轮子的运动轨迹。

移动电荷上的磁力与此相似,磁力与电荷速度的方向垂直。

说一个不那么严肃的问题,人类心理学中也有类似陀螺效应和磁效应的现象:有些人对刺激的反应与其所受到的刺激并不成正比,不过这并不是所谓的磁性人格。

偏转稳定：陀螺不倒的原因并不是它能抵抗重力，而是其他更微妙的原因。轮轴的任何运动都会产生陀螺力[1]，它垂直于运动方向，如图 9.3 所示。最初，陀螺顶部可能会向下运动，但又会偏转过来。这种偏转力的持续作用导致了图 9.3 所示的轨迹。我们可以把这种机制称为“偏转稳定”。

从能量角度解释：可以用能量守恒来解释陀螺轴产生的垂直于外加运动方向的力（见图 9.3）。如果我以恒定的速度 v 移动轴的一端，这不会改变陀螺旋转的能量。当然，假设整个结构完美，自身不损失能量，我也没有加快或减慢陀螺的旋转速度。因此，我没有做功，所以我手施加的力一定与手运动的速度垂直。

9.2　自行车中的陀螺

自行车是漫长科技发展革新的结晶，是人类创造的近乎完美的发明。骑自行车可比用牛顿定律解释其中的原理简单多了[2]。下面的两个问题就与自行车运动的复杂原理相关。

思考：骑车直行，若缓慢将把手向右转，此时，前轮在陀螺效应的影响下，自行车会有什么表现？

答案：如图 9.4a 所示，自行车车架将向左倾斜。

1　这里所说的“力”是一种假想的“力”，因为陀螺的运动状态表现得就像受到了外力作用一样。

2　有人便说人类的身体要比脑子聪明。

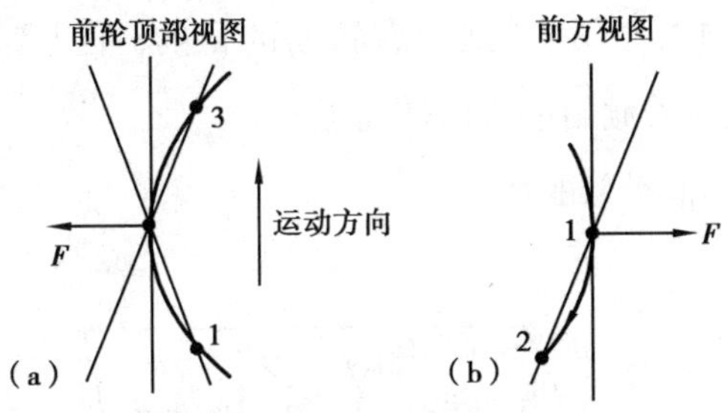

图 9.4　前轮陀螺效应图。(a)轮子向右转时自行车会向左倾斜;(b)将自行车向左倾斜,轮子也会向左转

疑问:若双手离把,骑车直行,并用上身将车架向左倾斜。陀螺效应影响下的车轮将会转向哪边?

答案:如图 9.4b 所示,车轮还是会向左转。

9.3　旋转的硬币

硬币好像拥有魔力,能在旋转时不倒下,似乎它的"智慧与反应"比摩托车老手还要强,能时刻调整自身以适应各种颠簸地形。即使用手轻轻推它一下,它依旧会立着旋转。硬币的构造极其简洁,简洁到只有一个部件:硬币的"反应"到底是什么呢?硬币没有脑袋,又是如何做出"反应"来调整姿态保持直立的呢?下面的几个问题将会解释硬币的"魔法"。

尽管了解了其中的原理,我仍感叹大自然的设计是多么奇妙。像一个幸运的巧合,陀螺效应非但没有让旋转的硬币立刻倒下,反而让它一直挺立着。硬币竟能保持不倒也太惊人了[4]。

思考:如图 9.5 所示,将硬币稍稍向右倾斜旋转起来,硬币便会向右运动。这被称为"幸运的巧合",就是它使硬币不倒下。硬币就好像有了大脑,像摩托车手一样把身子向右倾斜，达到向右转向的目的，并且不让自己摔倒。那么，为什么硬币会朝着倾斜的方向转向呢？

这也适用于其他类似的物体。

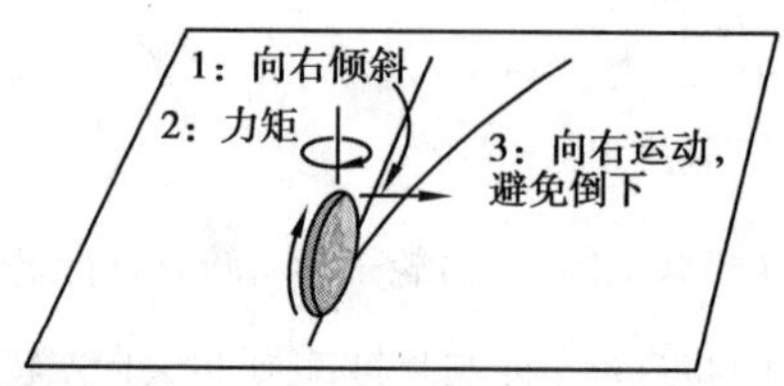

图 9.5 旋转的硬币能时刻调整路线避免摔倒，靠的就是陀螺效应。硬币向右倾斜(1)，重力使陀螺力矩(2)出现并导致硬币向右转向(3)

答案：将硬币稍稍向右倾斜旋转起来，硬币便开始慢慢倾斜最终倒下（见图9.5）。硬币越来越倾斜，陀螺力矩也越来越大（下一句就有解释，亦可见 9.1 节），这使得硬币向右转向，运动轨迹也向右转，这个“自我矫正机制”就是硬币不倒下的原因。

要想解释什么是陀螺力矩，就要想象一下，如果硬币只是越来越倾斜而不偏转，会出现什么情况呢？

参照硬币运动的边缘轨迹，可观察到硬币边缘处粒子的曲线运动轨迹，如图 9.2 所示。曲线运动使得离心力出现，离心力让硬币向右转向。

这只解释了硬币不倒下的原因，并没有真正说明这个现象到底是怎么回事。这个“自我矫正”的效果是否足够强大到让硬币保持直立？或反而造成了硬币的不稳定摆动呢？实际上，硬币要旋转得足够快才能保持直立。本书 5.9 节到 6.4 节（有关内马克和福法耶夫非完整约束动力学）讨论了旋转硬币的稳定性问题。

9.4　光滑穹顶上的圆环

问题：如何将一个固体圆环放在一个完全光滑的半球形穹顶上（见图 9.6）而不滑落（即使推它，它也不滑落）？恰好平衡在顶部的情况不算数，因为轻轻一推，圆环就会滑落。不允许使用磁性设备或其他设备的外力协助。

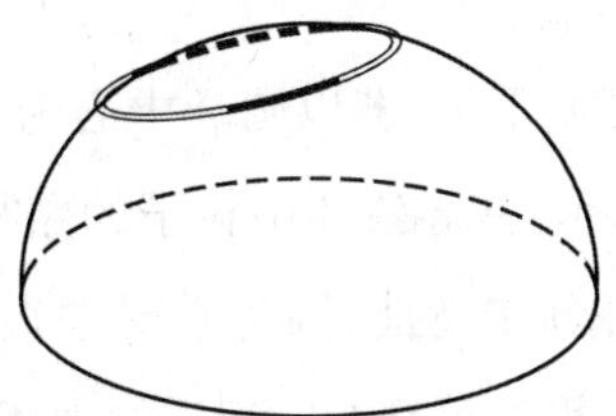

图 9.6　在无摩擦穹顶上的圆环

答案：将圆环放在穹顶上，让它绕中轴快速旋转，然后放开。如果旋转速度足够快，并且离顶部不远，就不会滑落[1]，轨迹如图 9.7d 所示。

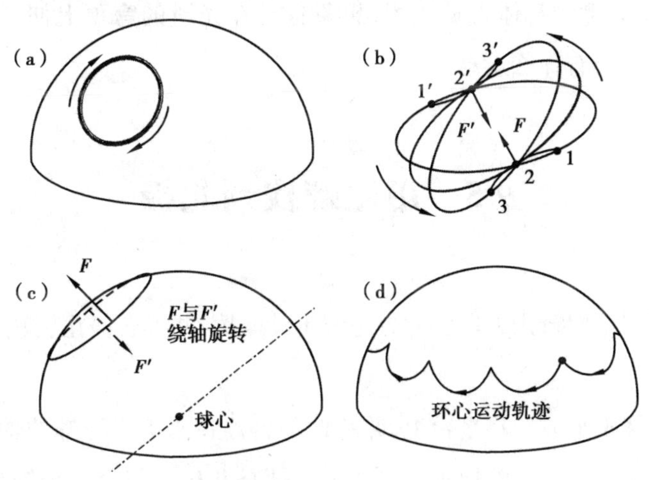

图 9.7　圆环是怎么一直待在光滑穹顶上的呢？

1　此处不计摩擦力，否则圆环将会越转越慢并最终滑落。

原理:这个圆环其实就相当于一个陀螺,类似一个轴较长的轮子,在球形接头处转动(见图 9.3a)。制作这样光滑的球体非常不切实际,我们可以用一些不计重力的车轮辐条将圆环固定在大头针的一端,这就组成了带有长轴的自行车轮。将轴的末端放在桌子上,或通过无摩擦的球形接头固定在桌子上。这样,圆环就相当于处在一个看不见的球体上,且不受摩擦力影响。因此,穹顶上的环就是一个陀螺。[1] 若陀螺旋转得够快,就不会掉下来。读者可以参考 9.1 节的解释,或者接着阅读下一段。

解释:将圆环释放后,它开始下滑,若以圆环中心为参照系的话,圆环看起来就是在转向,如图 9.7b 所示,并导致环中粒子的路径弯曲,例如路径 1—2—3。由于惯性,粒子的路径并未弯曲,因为它受垂直于环平面的离心力 F 影响。与之对应的粒子受大小相等且方向相反的力 F'。这两个力施加在圆环上的力矩如图 9.7c 所示(这里只考虑了两个粒子,但其他粒子加在一起时,也有一样的效果)。这个陀螺力矩使圆环偏离了原本的运动方向,导致了如图 9.7d 所示的运动轨迹。

圆环不滑落的原因:力的转移,而非力的抵抗。

做一个有趣的身体直觉练习,想象自己在光滑的穹顶上伸开四肢平躺着旋转,身体会有什么运动。

9.5 用陀螺找到北极

思考:如何用陀螺辨别方向？此处陀螺不计摩擦,并不会停止旋转。

答案:将陀螺水平放置在平台上,并将此平台浮在水上。陀螺的轴会慢慢转向,并最终对准经线。陀螺轴所指的方向便是北极。假设这个轴是螺丝,根

---

1 圆环实际上真的会升空,所以假设它时时刻刻都不会离开穹顶(有可能是有某种磁力装置来达到此效果)。

据右手定律,它顺时针转动时的前进方向便是北极。陀螺会使自身与地球的自转保持一致,但平面限制住了陀螺的运动。

陀螺为什么要向北转? 为了更好理解,让我们把整个装置放在赤道上(见图 9.8)。由于地球自转,整个装置围绕南北方向的地轴旋转。如果陀螺的轴最初在其他方向,例如东西方向,如图 9.8 所示。地球自转,沿着箭头方向 A 推动陀螺轴,陀螺朝方向 B 调整姿态。这里陀螺的运动就像在图 9.3 上所解释的那样:当轴在一个方向上被推动时,会在垂直方向上移动。最终,浮动的陀螺轴沿着经线定向,如图 9.8 所示。

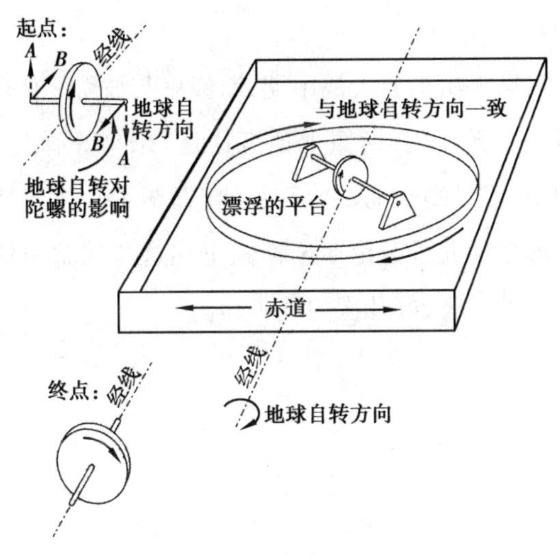

图 9.8　陀螺罗经的原理

再去除一些限制条件:把陀螺从漂浮的平台上拿下来,放在万向节上,或将整个陀螺都浸没在液体中,好让陀螺达到中性浮力。陀螺会慢慢对准地轴,地轴与水平面的夹角便是纬度。

总而言之,无论使用什么方式,如果条件允许,陀螺的旋转都会渐渐与地球自转一致。

思考:为何悬浮的陀螺罗经会与地球自转保持一致?(提示:与液体之间的摩擦力导致陀螺的自我定向。)

陀螺罗经的优点在于它不受磁力异常的影响,对铁做的船来说,这是个巨大的优势。陀螺罗经确定的北极是地理北极,而非地磁北极。

相关历史:E.A.斯佩里于1908年申请陀螺罗经专利,他名下有400多项专利。而陀螺罗经,也许是斯佩里最著名的发明,它在第一次世界大战中发挥了重要作用。在斯佩里去世后,美国海军一舰艇(潜艇补给舰)以他的名字命名。“斯佩里”号在珍珠港袭击事件发生后十天就下水了,于1982年结束了漫长服役,后作为展览船供人参观。斯佩里发明的陀螺罗经一直到现在还在舰艇上使用。

早在1916年,第一次世界大战中期,斯佩里与彼得·休伊特发明了一种无人驾驶航空器——无人机,斯佩里预言这是“未来炸弹”。在第一次世界大战余下的时间里,经过漫长的试验和纠错,斯佩里和休伊特一直在努力实现这个设想。斯佩里的儿子劳伦斯·斯佩里在这些试验中冒着生命危险进行了不少极其吓人的试飞,好几次险些丧命。

第 10 章
冷与热

10.1 热量能从较冷的物体传到较热的物体中吗？

这个问题的答案是：当然不能。两物体一经接触，热量便从较热的物体传导至较冷的物体中[1]。所以下列问题可能略显多余。

问题：能否将 100 ℃的水与 0 ℃的奶等量混合后，达到 50 ℃以上呢？盛放两液体的容器材质与大小完全相同。我们假设水和奶的热物理特性完全相同[2]，且不能从外部导入热量，不过可以使用额外的容器。

答案：有可能实现，且不会违反热力学第二定律。我们只需要再用一个空杯子和一个小勺子（见图 10.1）。舀一勺冷牛奶，将勺子浸入热水中，等待两者温度变得几乎相同，把勺子里的奶倒入空玻璃杯即可。重复上述过程，直到把所有的牛奶都倒在第三个杯子里。每一整勺奶，都会从热水中吸收一些

---

1 这是根据热力学第二定律得出的结果，是实验证明过的事实。

2 尤其是它们要具有相等的比热容，即等量的热量会产生等量的升温。

热量。一旦发生这样的转化，便认定奶会比水的温度更高。想知道为什么吗？那就想象一下，从水杯里移走最后一勺奶时，它的温度与水的温度相同，且第三个杯中的奶要比它更热，因为前几勺奶的温度更高。这说明一旦我们将最后一勺奶倒入第三个杯子中，奶就会比水的温度高。

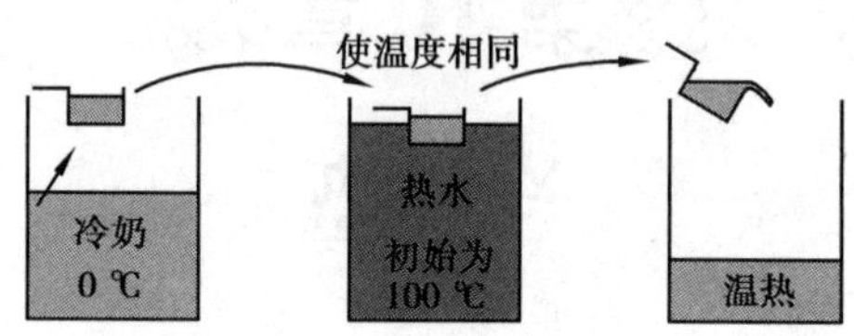

图 10.1 满的玻璃杯中有 N 勺液体，每一勺 0 ℃冷奶都可将热水的温度降低 $1/(1+1/N)$ ℃

熟鲑鱼和欧拉数字 e 的联系：上述方法可以让牛奶达到 50 ℃以上，但是超过了多少度呢？答案是：如果用足够小的勺子，温度就可以达到约 63 ℃，这温度烫得下不了嘴。事实上，这个温度也刚好是做熟鲑鱼时鲑鱼的内部温度。从数学角度来看这个问题尤其有趣，使用勺子时理论上的最佳温度是：当 $N\to\infty$ 时，$(1+1/N)^N$ 的极限是欧拉数 e。

$$\frac{100\ ℃}{\mathrm{e}}, \mathrm{e} = 2.718\cdots$$

原因如下：假设杯中共有 N 勺液体，N 可以是任意整数。一勺 0 ℃冷奶浸入温度为 T 的水中，两者会降到同一个温度 $T/(1+1/N)$——这是因为每一勺冷奶都会将第三杯中的 N 勺温热奶的总热量以 $N+1$ 勺“稀释”，因此每勺液体的热量都会以 $N/(N+1)=1/(1+1/N)$ 的系数减少，温度也会以同样的系数下降。每一步操作都会导致温度降低，公式如下：

$$T_{k+1} = \frac{T_k}{1 + 1/N}, T_0 = 100\ ℃$$

在 N 次操作之后，水的初始温度被重复降低 N 次相同度数，可得：

$$T_N = \frac{100\ ℃}{(1 + 1/N)^N} \approx \frac{100\ ℃}{\mathrm{e}}$$

关于体温：对于 N，则有 $(1+1/N)^N \approx \mathrm{e} = 2.718\cdots$，且 $T_N \approx 100\ ℃/\mathrm{e} \approx 36.8\ ℃$。这很接近人的正常体温，这个巧合很值得我们注意。若急于计算 e 的值，且手边有温度计，便可直接测量自己体温的摄氏度数值并代入其中（发烧会使估值偏低，体温过低则会使估值偏高），公式如下：

$$\frac{100\ ℃}{T_{人}} \approx \mathrm{e}$$

这一现象使自然对数——基数为 e 的对数，显得更加自然。

这里还有另外一个巧合，有关人的体温和鲑鱼刚好做熟时的温度（63 ℃）：

$$T_{人} + T_{鲑鱼} \approx 100\ ℃$$

如何使温度超过 63 ℃？至少理论表明，我们可以达到更理想的结果，即近乎完美地交换两种液体的热量。为此我们不仅要把奶分成小份，还要把水也分成小份。实际操作中我们将水和牛奶以相反的方向通过两个紧密热接触的管子，如图 10.2 所示，如果我们从左边泵入牛奶，从右边泵入水，热量就会近乎完美地进行交换。这种简单的装置叫作（对流）热交换器。

人类一定是借鉴了大自然的方法才发明的这个装置。因为我们胳膊里就有这种热交换器，深静脉与动脉并列而行。外界寒冷时，手部的血液从静脉回流，并从反向流动的动脉血液中汲取热量，升温后回流保持身体的体温。动脉血液的温度也会因此降低，所以流向四肢时更少向外界丧失热量。

外界炎热时,这个机制则自动关闭,血液会从另一条靠近皮肤的血管回流,以便向外界传递多余热量。

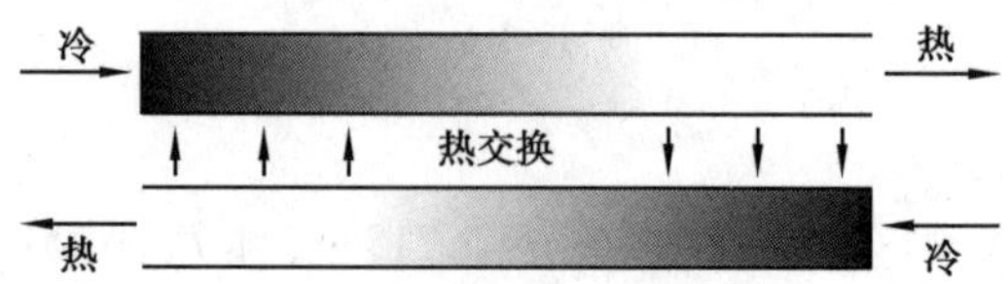

图 10.2　对流热交换器可进行几乎完美的热量交换

热交换器让狗、羊、骆驼等动物的大脑保持在比身体其他部位更低的温度:口鼻的静脉血液冷却大脑(最容易过热的器官)的动脉血液。但兔子体内没有这样的机制,不利于身体散热,若兔子在炎热的天气里被狗追逐太久,可能会因体温过高而死亡。灰鲸的舌头上分布着许多对流热交换器(舌头不能被脂肪隔绝)。也不是只有哺乳动物才有这种机制,某些鱼类,如金枪鱼,会利用对流热交换器让体内肌肉的温度保持在比周围水温高约 14 ℃。

10.2　打气筒中的分子运动

思考:打气筒在给自行车轮胎打气时会变热,这是因为摩擦生热还是别的原因呢?

答案:打气筒变热的主要原因不是摩擦,而是筒内气体因压缩升温。

思考:为什么压缩会使气体变热呢?

答案:问题的答案就在乒乓球和网球运动员的手中。网球拍打中网球就如同打气筒的活塞打中它前方的分子一样。由于球拍向前运动,网球在撞击后速度变快(见图10.3)(假设此处为完全弹性碰撞,且网球的质量远远小于球拍质量,则网球所获得的速度是球拍运动速度的两倍)。分子在与活塞撞击时同样会获得速度,也会变热。

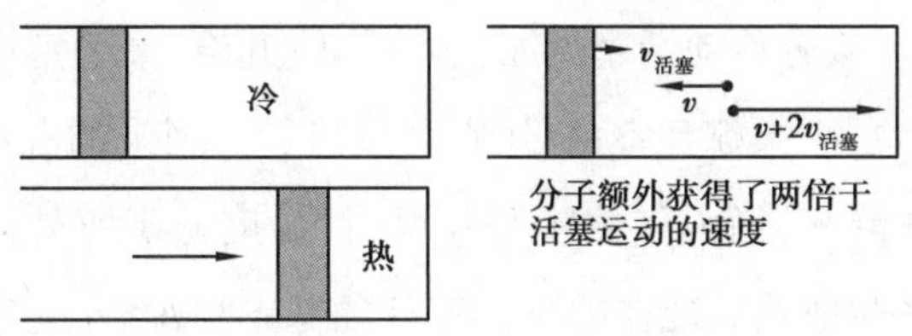

图 10.3　分子运动速度增加,增加的量是反向运动的活塞速度的两倍

如图 10.4 所示,筒内气体温度随时间变化,气体的平均温度比环境温度高,筒壁也因此升温,且温度为筒内气体温度与桶外环境温度的平均温度。

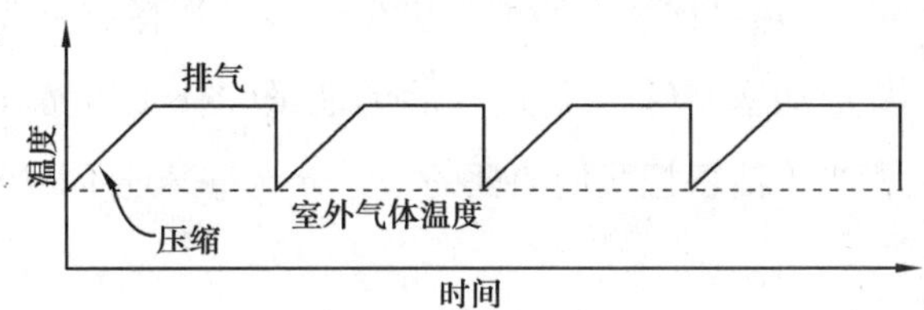

图 10.4　筒内气体温度随时间变化图

10.3　如何用打气筒作热泵

热泵就是可以制热的“冰箱”,把内部的热量“泵”向外部。如果有人将热泵说成冰箱,他不是在说热泵会制冷,而是说热泵会像冰箱一样改变温度,不过与冰箱相反,制热而不制冷。

思考:如何用打气筒作为热泵将外面的冷气加热后送进屋内?这里不考虑

实际操作是否可行，只关注理论是否成立。

答案：打气筒可以将外部冷空气加热后“泵”进屋内。将泵的出气口堵住，就成了充满空气的气缸与活塞（见图 10.3）。刚开始，泵在室外，内部气体未被压缩，还是冷的。接着移动活塞压缩气体，气体升温，高于室内温度（压缩气体导致升温），然后把泵挪到室内，让它释放热量。当泵的温度降到室温，立刻拿出屋子打开活塞，桶内气体膨胀降温，且温度低于室外温度，因为被压缩的气体在膨胀时散热。现在的泵比室外的寒冬更凉，于是吸热，弥补了刚才压缩气体时所消耗的热量。等泵与室外同温时，再无限次重复以上过程。现实中的热泵原理与此相同，但运作起来可要比刚才这样跑来跑去有效得多。它使用制冷剂代替空气；用制冷剂的冷凝或蒸发取代气体的压缩或膨胀，虽然制冷剂是从管道泵入的（并未储存在管道中），但原理完全相同。

效率：令人惊讶的是，热泵比燃料能消耗更少的能量却释放更多的热量。这是因为，在室外释放活塞，气体膨胀时吸收的能量弥补了压缩气体时做工消耗的能量，这就相当于活塞把我们消耗的一部分能量又还了回来。

10.4　如何在冬天让房间变暖

思考：有两间完全相同的房子，其中一间比另一间更暖和，较热房间内的气体分子的总动能要比较冷房间中的更高吗？

答案：两间房子中气体分子总动能是相同的[1]！尽管热房间中单个气体分子有更多能量，但热房间中的气体分子数量更少，因为它们在不停膨胀，有些便从缝隙中逃离了房间。结果就造成了这种相互抵消的对立现象（运动更

1　我忽略了一些次要的影响，比如温度升高会导致墙壁膨胀，再比如要想保持整个房间的温度完全恒定并不实际。

快但数量更少)。房间中气体分子数量与温度 T 成反比(从绝对零度算起),而每个分子的动能与 T 成正比。下一段将正式阐述这一点。

从更严谨的角度解释:根据理想气体状态方程(即温度近似值),

$$pV = NkT \tag{10.1}$$

式中,p 为房间内压强,V 为气体体积,T 为气体的绝对温度[1],N 为室内气体分子总数,k 为玻尔兹曼常数,不受上述变量影响。

另一方面,已知分子动能 E 与气体温度成正比:$E=(3k/2)T$。

房间中的全部 N 个分子的总动能是:

$$E_{总} = NE = N\frac{3k}{2}T = \frac{3}{2}NkT \overset{(10.1)}{=} \frac{3}{2}pV$$

因为在加热房间时 p 和 V 保持恒定,所以正如我们所预测,$E_{总}$也保持恒定。

10.5　如何用自行车轮胎冷冻物品

思考:如何在炎热的夏天,用自行车轮胎创造足以冰冻水的冷气?

答案:只要按充气轮胎的气阀放气即可。

假设压力表显示轮胎内气压为三个大气压,这实际意味着它是高于环境压强的,所以实际应为四个大气压。放出的气体从四个大气压降到一个大气压,膨胀了很多倍,因此导致降温,绝对温度下降了 2.5 倍左右,相当于

1　绝对温度一般指热力学温度,是以绝对零度为 0K 计算的温度值。

可以从约 300K（约 80℉）降到约 120K（约-244℉）！此处，我们忽略了当通过狭窄处时黏度造成的升温，但是可以保证逸出的气体至少低于冰点温度。

计算过程：假设有一小团运动气体，从轮胎内部迅速移动到外部。运动速度极快，可忽略这团气体和临近气体的热量交换。

在没有热量交换的膨胀（绝热膨胀）中，气体温度与压强的 2/5 次方成正比：

$$\frac{T_2}{T_1}=\left(\frac{p_2}{p_1}\right)^{\frac{2}{5}}$$

式中，T_1表示初始气温，T_2表示最终气温，p_1表示初始压强，p_2表示最终压强。有 $p_2/p_1=1/4$，2/5 次方后约为 0.57，再乘$T_1=300\text{K}$ 得到约值：

$$T_2 = 300\text{K}\cdot 0.57 = 171\text{K}$$

尽管低温面积很小，持续时间也很短，但只是按着气阀将轮胎放气这一简单的动作，就让气阀成了地球上最冷的地方（低温实验室以外）。

第 11 章 两种永动机

永动机是一种乌托邦式的理想化机器。正如乌托邦社会一样,吸引了不少痴迷者。幸好永动机跟古往今来的各个乌托邦社会不同,它并不会因理想而置人于死地。不过永动机跟所有乌托邦社会一样,都企图打破某种规律,例如能量守恒定律、经济规律、人类心理规律或是社会规律。

想要创造不可能存在的永动引擎,就必须有无边无际的学识来应对无穷无尽的难题与挫折。想发明永动机的人中有不少聪明人,但没几个真正睿智的。

本章中的两个永动机各隐藏着一个缺陷[1]。

11.1 毛细效应的永动现象

如图 11.1 所示,毛细运动使细吸管中的水自动上升。我们是否能利用

1 在物理学领域,自伽利略之后,推翻错误理论就变得没那么危险了。但在经济学领域,某些国家进步得较慢。我认识一个人,他生活在苏联(1947 年左右),在一堂经济学课中,他思考利润动机是不是经济良好运作的必要条件时自言自语被人听到,就被强迫劳役 12 年。

水上升时做功产生的能量呢？水面上升，可以将物体提起，便会做功，但水面上升到一定高度后，这个“引擎”便停止工作。这里我们提出一个应对方法。在一根头尾相接的细管中放置一个活塞，再在活塞上滴一滴水，且活塞与水滴之间没有气泡，如图 11.1 所示。活塞在管中不受摩擦地滑动。把管子水平放在桌子上，减少地心引力对活塞和水的影响。毛细效应便会像在细吸管中那样，拉着活塞沿管壁运动，不受阻挡，活塞便能永远地运动下去。想要达到这个结果，就必须保证活塞和管壁之间的摩擦力要小于毛细效应拉动活塞的力。于是，我们便得到了无须燃料便可产生无限能量（摩擦力虽小但仍存在，于是摩擦产生热量）的装置。

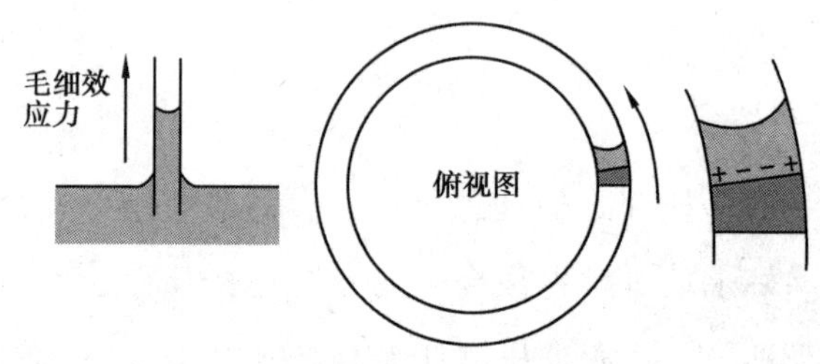

图 11.1　毛细效应永动机

思考：这个永动机的设计错误出在哪里？除非这是首个可行的永动机，否则它的设计必然有破绽，是什么呢？破绽就是：设计中活塞能一直运动的证据在哪儿？（光假设摩擦力小不可行。）

答案：这个引擎的问题不仅仅是摩擦的问题。下面我们来看看为什么吸管中的水会上升。毛细现象来源于两种效应：(1) 表面张力，即因水分子的排列，水面像橡皮薄膜一样运动；(2) 水对管壁的静电吸附。静电吸附使得水向管内壁运动，形成弯月状的凹面。此时表面张力立即参与进来，想要让水面保持原状。一个吸附水向管壁扩散，一个拉着水抵抗扩散，两者同时发生，使水沿吸管爬升，但最终因地心引力影响而停止爬升。

再看毛细现象永动机，让水爬升的效应依旧存在：凹面拉着水和活塞。

但是我们忽略了水与活塞之间的相互作用,正是它让这个设计宣告失败。水与管壁接触地方的静电吸引力比较大,但与活塞接触的地方却更大。这个额外的力向反方向推动活塞,它与我们预期的运动方向相反,当初被我们忽视了。

11.2　椭圆镜永动机

这个难题是我在 20 世纪 70 年代中期从皮特·昂加尔那里学来的,利用椭圆镜的特点:

从椭圆的一个焦点发出的任意光线,经过反射后[1],会穿过另一个焦点。

美好的设想:假设有一椭圆球壳,内部为可以完美反射光线的镜面(完美反射即镜面不传导、不吸收光线的反射)。两个球体直径不同,温度相同,都为 T,各位于两个焦点。两球会发射光线,因为所有温度高于绝对零度的物体都会发射光线。两球虽温度相同,但较大的球体发射更多能量(假设两球材料和颜色都相同)。因为从一个焦点发出的所有光线在反射后都会穿过另一个焦点,所以从一个球体发出的所有光线也都会到达另一个球体。两球温度相同,但大球向外传输更多能量,所以大球温度会变低,同时小球温度升高。此时温差便可以驱动引擎[2],提供无限的自由能。

思考:漏洞在哪里?

答案:大球发射的光线不会全部抵达小球,图 11.2 中大球左侧的光线会回到大球,而且光线向外辐射的起始点并不都是球心,球体的各个部位都会发射

1　假设椭圆镜完美反射光线。

2　例如可以利用温差产生的气体对流让轮子旋转。

光线。就是这些漏洞击破了我们最初的设想。

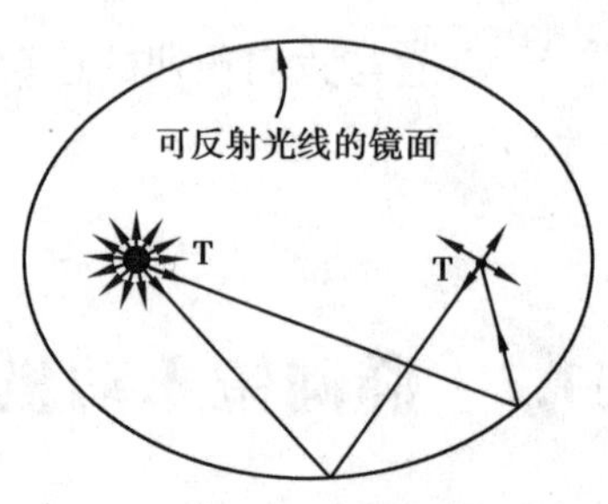

图 11.2 每个球体都发射光线，椭圆体内部的完美反射

第 12 章

航行与滑行

思考: 无风的时候能在河流上航行吗?

答案:多亏了水流,船在无风时也能航行,如图 12.1 所示。船帆在平静的空气中运动,如同刀切黄油般顺滑,空气不会推动船帆,只会从船帆周围滑过[1]。但是,水流却可以推动船的龙骨,造成图 12.1 中所示船随水流运动的情况。此时,龙骨和水流就如同“船帆”与“风”,而船帆就如同水中的龙骨一般,在空气中“穿行”无阻,好似一艘颠倒的帆船。

龙骨与船帆组成了对称结构。前文是从岸边观察到的运动状态,但请读者假设现在你正身处船中,从该角度观察,水流是静止的,空气却是运动的(会观察或感受到风吹向水流上游)。在这种情况下,又变回了平常帆船乘风航行的情况。对于船上的人来说,一切一如既往,风吹着船帆,龙骨在水中穿行。

1 仅为粗略估计,船帆当然可以沿着垂直于 S 线的方向移动,但此处忽略了细微的运动。

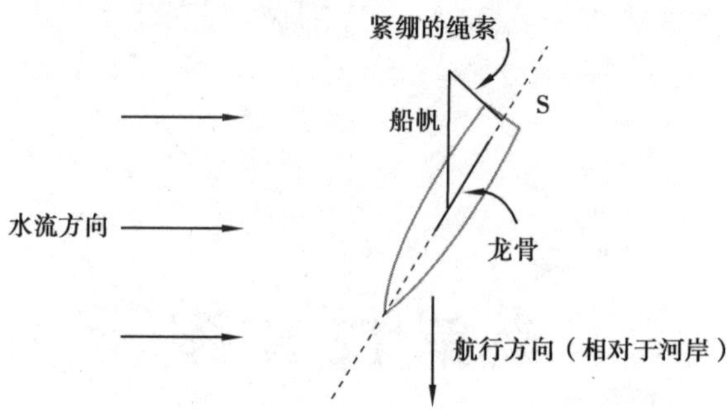

图 12.1 空气静止，龙骨充当了船帆，水流代替了风

这个对称结构非常工整：参照系不同，竟决定了船帆和龙骨在航行中起什么作用。这样看来，船帆和龙骨作用相同[1]。

问题：假设在空气静止、河水流动的情况下，船可以朝哪些方向航行？

答案：一般情况下，风吹水静，船在不受风的直接影响下，可以朝任意方向航行。此时假设中的船也处于相似情况，只不过它的龙骨充当了船帆，反之亦然。所以船帆（船）在不受水流直接影响的情况下，也可以朝任意方向航行。

12.1　从发射樱桃核中借鉴的航行方法

我记得小时候玩游戏，喜欢吃了樱桃后，用樱桃核和朋友对射。我们用手指挤压樱桃核，让它从指尖飞速射出。

1　不过还是有一处不同：龙骨和船身始终对齐，船帆却不同。如果将龙骨和船身想象为一体，会更方便，即假设船只有两个部分：一部分为龙骨/船身，另一部分为船帆。

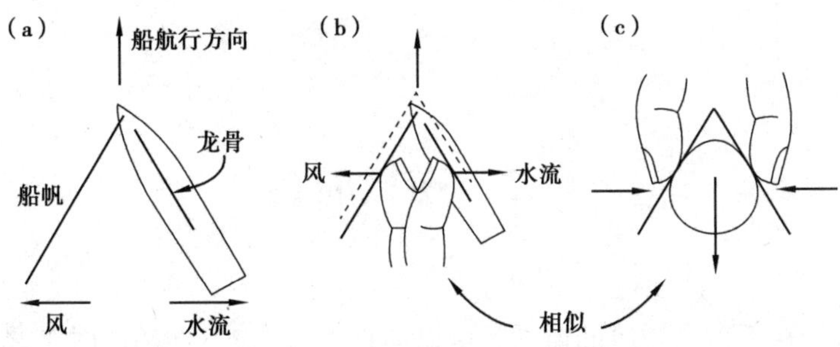

图 12.2　如图 12.2a 和图 12.2b 所示，风和水流试图将帆和龙骨的夹角推开，所以船沿箭头方向运动。图 12.2c，当挤压夹角时，樱桃核会向相反的方向运动

思考：发射樱桃核的力与推动船航行的力有何相似之处？

答案：图 12.2a 显示风向与水流运动方向相反，且两者速度相等。由于帆船的运动方向与河岸垂直。这里的风和水流相当于两根手指，推动船帆和龙骨，如图 12.2 所示。"两根手指"背向运动，导致船沿箭头方向滑动。发射樱桃核时，原理基本一样，只不过两根手指是做相向运动，挤压樱桃核。

参照系的重要性：假设风速与水速相等，那么我们选择的参照系的运动速度就与风和水的平均速度相等。假设空气静止，就是选空气做参照系。图 12.3 展示了上述观点。每当我们变更参照系，就能获得新的领悟，人生也是如此。

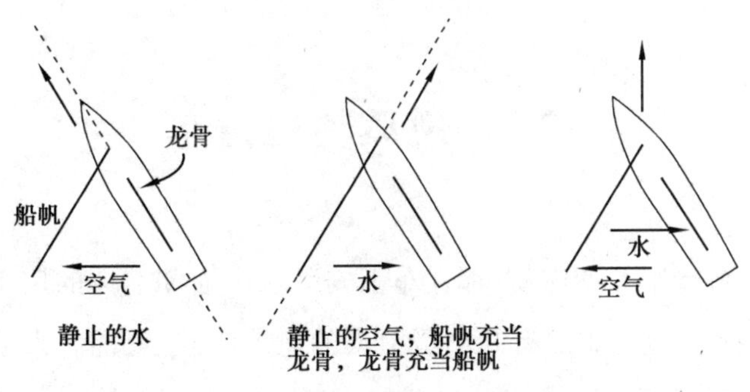

图 12.3　三个参照系中的航行运动图解

12.2 逆风航行

思考：帆船在不完全逆风的情况下可以向任意方向航行，迎风时走之字形路线（也被称为抢风）就能从起点到达目的地。如果能发明一种逆风行驶的船该有多好啊！该怎么设计艘这样的船呢？

答案：这艘船会根据风向自动调整姿态逆风行驶。要实现这个设想，就只要在船上安装一个大的风动螺旋桨，通过长柄连接到水下螺旋桨即可（见图12.4）。如果螺旋桨大小合适，风吹动上面的螺旋桨，带动水下的螺旋桨，就能推动船前进。

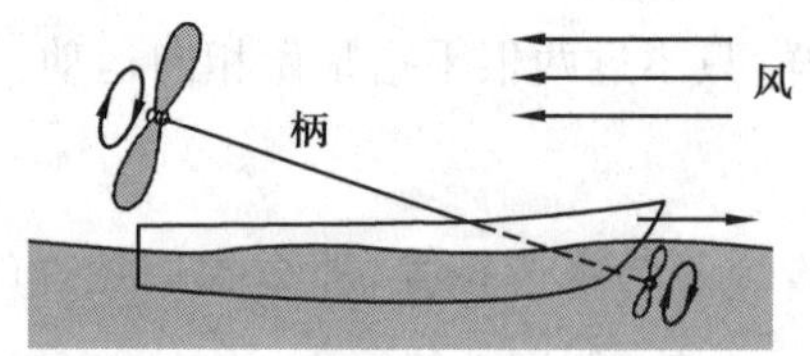

图 12.4 船会根据风向自动调整姿态逆风行驶

12.3 逆风骑自行车

逆风骑自行车并不容易，那在车上安装一个面朝前方的风车能否让骑行轻松一些呢？这个想法有几个吸引人的地方（但也可能有人觉得荒唐）。不管实际是否可行，理论上这个装置能起作用吗？

想象一个如图12.5所示的装置，风吹动螺旋桨，螺旋桨连接一发电机，发电机驱动马达,从而助力骑行。假设此处发电机、马达、风车都处于理想状态。

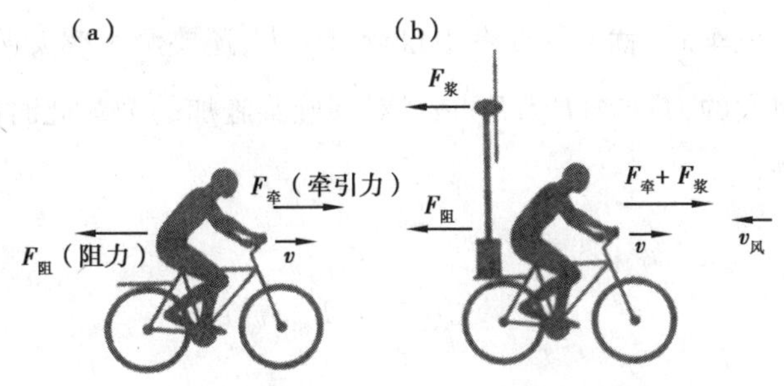

图 12.5　自行车上的风车受力示意图

如果拉着风车在静止的空气中运动,我们所做的功被全部转换成风车所产生的电能后又回到了我们脚下。换言之,在无风时,这个装置(不计能量损耗)没有能量的“盈亏”,形同虚设[1]。

但风中有能量,能否利用风呢?

思考:逆风骑车时,能否从风车中获得额外能量呢?

答案:想要知道风车是否起作用,就要计算并比较在以恒定速度 v 骑车逆风行驶的情况下,有风车时骑车消耗的能量和无风车时骑车消耗的能量[2]。

1. 不安装风车时,如果想要以恒定速度 v 骑车行驶,就必须向前方施加一个与 $F_{阻}$(人与车受到阻力 $F_{阻}$) 大小相等方向相反的力(即 $F_{牵}$)[3]。所以施力消耗的能量为:

1　当然在实际情况下,这个装置产生不了能量,只会让我们觉得很好笑。

2　机械功率的定义是:每秒所做的功。功的定义是:力与力方向上位移的乘积。所以功率就是:力与力方向上速度的乘积。

3　这个阻力是风阻和胎阻的合力。

$$F_{牵v} \tag{12.1}$$

2. 安装上风车后，就不仅要牵引自行车和人，还要牵引螺旋桨，所以就要施加更大的力：$F_{阻}+F_{桨}$，$F_{桨}$是风对螺旋桨施加的力。此时施力消耗的能量为：

$$(F_{牵}+F_{桨})v \tag{12.2}$$

比之前要大。不过现在我们已经获取了风车产生的能量。这个功率是多少呢？依旧假设没有能量损失，风车以 $v+v_{风}$ 的速度运动，那么它的功率就是 $F_{桨}(v+v_{风})$。所以我们牵引时实际需要的功率就是消耗功率减去所获功率：

$$(F_{阻}+F_{桨})v-F_{桨}(v+v_{风})=F_{牵}v-F_{桨}v_{风}$$

与式(12.1)相比，风车让我们少消耗的功率为：

$$F_{桨}v_{风}$$

发现：安装在自行车上的风车[1]与不可移动的风车能产生等量的功率，从而让骑行者骑行更轻松。

思考：假设旋转的风车与广告牌都受到一样的空气阻力，那这两个物体尾流的动能是多少？

---

1 以前面提到的所有简化假设为前提。

答案:风车将部分动能转换为电能,广告牌则不会对气流的动能造成什么影响。风车尾流动能较小,所以风车的尾流要比广告牌的尾流相对平缓。

12.4　在无上升气流时翱翔天空

思考:如果没有上升气流,滑翔机能稳定攀升吗?这里的“无上升气流”是指气流只有水平运动。

答案:能,最起码从原理来看是可能的。是怎么实现的呢?我们来向切变风中发射一架滑翔机,机头稍稍朝上,如图 12.6 所示。无风的时候,滑翔机会变慢并下落,但在切变风中,奇妙的事情发生了,由于风切变,滑翔机攀升时会接触到运动速度更快的逆风,这个风带动滑翔机加速飞行,所以即使它没有引擎也能保持住滑翔速度。显然滑翔机同时也在被这个风向后吹,但当它速度加快后,可以下降到初始高度,如此往复。不少海鸟都会利用这个机制在无上升气流的情况下翱翔天际。

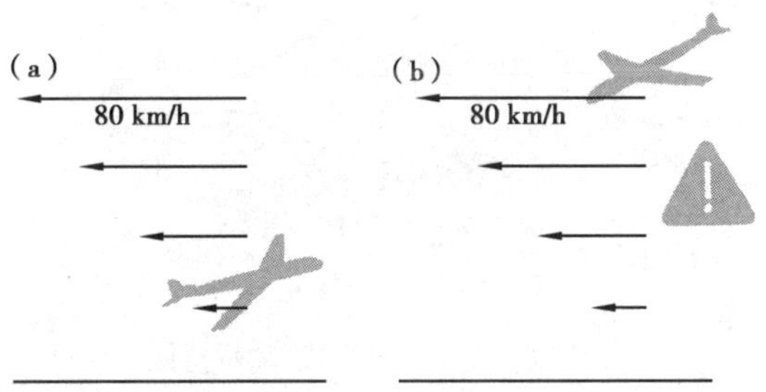

图 12.6　无上升气流时,攀升的滑翔机运动示意图

聪明的海鸟:说点有趣的题外话,海浪的运动会让空气上下运动,波峰抬升空气,波峰前后的空气则会下降,产生短暂的上升与下降气流。这种气流跟陆地上稳定的热力上升气流不同。

但如果海鸟跟着波浪走，飞在波峰前，它就会处于上升气流区，可以不拍翅膀就一直滑翔。鹈鹕、信天翁等海鸟都会用这个方法，它们虽然不接触海水，但可以像冲浪的人一样，用翅膀作为空中的"冲浪板"（见图 12.7）。因此我们也可以用另一种思考方式分析冲浪者：他们总是让自己位于波浪向上移动的地方。

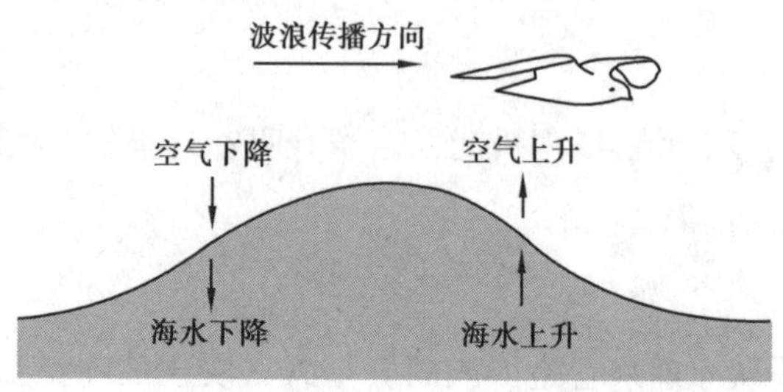

图 12.7 在海浪上方乘风翱翔相当于在运动的上升气流上方飞行

滑翔机能用空中"冲浪"的方法翱翔吗？悬挂式滑翔机看起来可以在空中"冲"很大的浪，但其实不太可能。从原理上来看，它可以永远不停地滑翔下去。如图 12.8 所示，沿着波峰滑翔，在波浪消失前攀升，然后再继续"搭乘"下一个来袭的波浪，如此循环即可。我想先用一个遥控滑翔机来试一试。

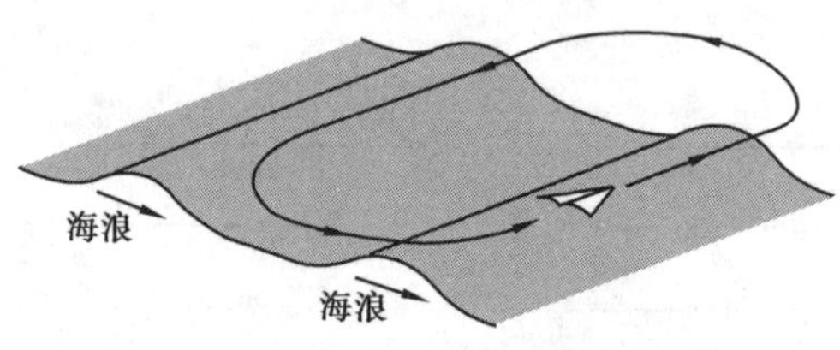

图 12.8 空中"冲浪"运动示意图

思考：有一冲浪者以匀速冲浪，他怎样做才能加速呢？假设海浪匀速运动且形状不变。

答案：冲浪者需要减小冲浪板运动方向与波峰线的夹角，让自己处于波浪陡峭的地方，才能增加速度。

12.5　危险的水平风切变

如果可以不受上升气流影响,滑翔肯定很不错,但却很危险。图 12.6 所示为风切变中的滑翔机。假设滑翔机速度很低,接近静止。如果想加速,一般情况下要进行俯冲,在无风时这样做可以实现加速。但在我们设想的情况下,风切变太强的话,滑翔机的速度会一直降低,直至悬停。

思考:降落伞在风切变中会怎样运动呢?

答案:无风时降落伞下降,人感受不到风。但在水平风切变中,可以感受到水平方向刮来的风,就好似被螺旋桨推动进行水平运动一样。

第13章
翻转的猫和旋转的地球

13.1 猫是怎样在落地时保持四脚先触地的?

把猫四脚朝天丢出去,它会在降落中瞬间翻身保证四脚落地。猫在空中没有借力点,它是怎么做到的呢[1]?有人说猫是旋转尾巴让自己翻身的,但仔细审视后,这个理论并不成立。实验得知,没有尾巴的猫也照样能在空中翻身。还有一点,要想在瞬间实现180°翻转,尾巴要飞速旋转,尾尖要达到超音速。而超音速就会产生音爆,就算没有音爆起码会有"咻咻"声。另外,旋转时巨大的离心力会让尾巴上的皮毛都脱落,飞速甩出。

猫能做到这个惊人动作的原因,就是它能在空中旋转时,自始至终速度都为零,猫在空中不受任何力矩影响[2]。那么猫是怎么在不转动的情况下翻身的呢?

---

1 坐在旋转椅上,试试脚不沾地,旋转椅子,这是很难凭一己之力做到的。

2 这个旋转的专业名称是角动量。在飞猫没有外部力矩的情况下,猫的角动量是守恒的,也就是说,在飞行中保持为零。关于角动量的一些背景可以在附录A6中找到。

图 13.1 为一猫翻身的简易模拟，两圆柱体用一易弯曲的细部件连接。脚朝上，如图对折弯曲物体，接着沿轴反向扭动两端，直至猫脚朝下。两端反向旋转，角动量为零，符合之前的设定。这就是猫的智慧。猫最终伸直腰部，实现以脚触地。

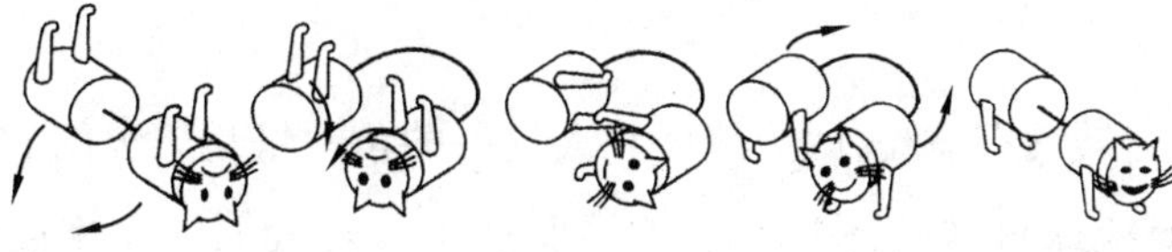

图 13.1　主要阶段：(1)弯曲身体；(2)扭曲身体；(3)还原身体。猫在扭曲时，身体两端的旋转相互抵消，实现身体的翻转。猫就是这样机智地在角动量为零的情况下迅速翻身的

第二步和第三步中腰部的扭动并不会扭曲两端[1]。如果猫仅仅扭曲，但没有弯曲身子，就不会迅速翻身。为了让上身旋转，猫会让下身反向旋转以保持零自转状态，腰部则会进行螺旋运动(见图 13.2)。

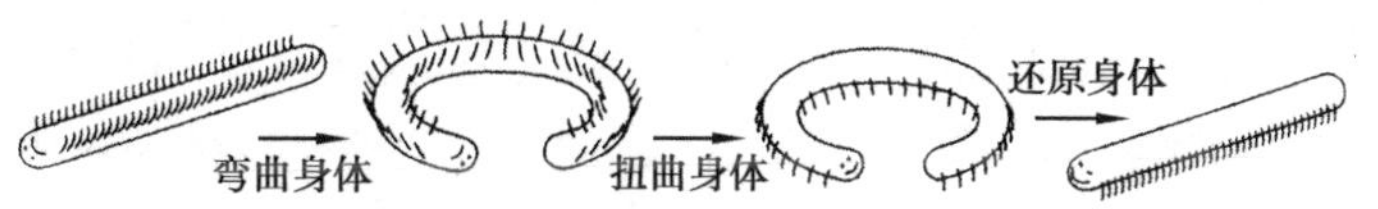

图 13.2　蜈蚣也可以用同样的方式让自己的所有脚都朝下

图 13.2 中以蜈蚣为例，更清晰地展现了这个动作。虽然前文对猫的模仿有点极端，但却反映了猫的真实动作：它们翻身时弯曲身体，大约 45°，并非 180°。然后就同假设中的猫一样，扭动腰部。但是，由于蜈蚣弯曲角度较小，它们必须扭动更多的次数才能翻身。

1　假设一“U 形”橡胶水管，顺时针扭曲管子的右端，并同时逆时针扭曲管子的左端，但保持不让管子弯曲。

13.2 信风能减缓地球自转吗？

思考：向东吹的信风与海洋表面产生摩擦。几百万年来，这种摩擦力都在影响地球的自转，它有没有可能减缓了自转的速度？

答案：地球自转没有减缓，因为地球和大气层的角动量是守恒的。这意味着大气运动对地球自转整体没有影响。况且还有西风等风在相反的方向作用。事实上，地球放慢了自转速度的主要原因是月球的潮汐制动作用。据估计，在鸿蒙之初，地球自转一天是 6.5 小时，在 40 多亿年的时间里，逐渐变长到现在的 24 小时。不过这种变化在人类历史上是可以忽略不计的。

当地球将其角动量传递给月球时[1]，月球正在远离地球，有点类似于 2.2 节中的描述。

---

1 此处都经简化，忽略了太阳的影响，还有其他行星对地球的细微影响。

第 14 章

其他悖论与难题

14.1 怎样用书打开红酒瓶?

有次我找不到开瓶器,脑子里刚好充满了对科学的好奇,我就试了试,这个方法还真管用。

先用书抵住墙,再用酒瓶底撞击书。我建议用毛巾拿着瓶子,戴上防护眼镜,以防瓶子破裂时受伤(拿香槟酒瓶这么做的人有可能得达尔文奖)。在反复敲击的情况下撞击,酒瓶塞会慢慢出来,直到可以用手直接把瓶塞拉出来(见图 14.1)。

很久以前,我还是个学生的时候就这么做了,当时我还在苏联,用一本《辞典》打开了酒瓶。至少就我的目的而言,这是一本好书——尽管用开瓶器会更好。

思考:为什么瓶塞会被撞出来呢?

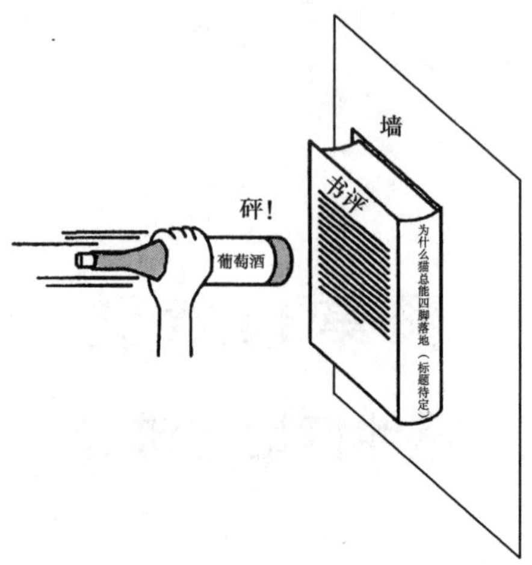

图 14.1 每一次撞击都会让瓶塞出来一点点。这是为什么呢？

答案：简单的答案就是因为“酒锤”效应，跟水管中的水锤效应相似。水锤效应是管道中水流突然停止时会对管壁和阀门产生压力，也被称为“液压冲击”。

图 14.2 为用书开瓶的过程解析[1]。

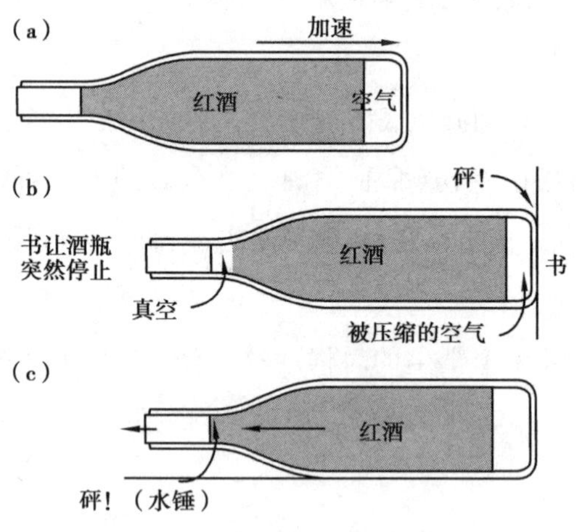

图 14.2 瓶塞被酒“锤”出酒瓶

1 在此坦白，这只是我自己的想法，并未经过测量，也没通过高速相机等方式进行直接观察，说真的，没几个机构会投资这种实验。

图 14.2a 中酒瓶加速撞向墙壁，加速导致红酒聚集在酒瓶左端抵着瓶塞，就像公交车飞快加速时乘客被"推"向椅子一样。接着酒瓶撞击书本时突然停止运动，红酒因为惯性继续向右运动，在红酒与瓶塞之间留下真空（见图 14.2b），并压缩右端酒瓶底部的空气。被压缩的空气就像弹簧一样抵着红酒让其减速，然后再将红酒推向左侧瓶塞。但真空却没法给红酒提供缓冲，所以碰撞瞬间，红酒直直撞向瓶塞，就像锤子撞击铁砧那样。瓶塞随即被撞出来一小部分，多次撞击后，就能用手把凸出的瓶塞直接拔出来了。我们真的做到了用红酒当锤子把瓶塞从内部撞出来这一设想！

气穴现象：破裂的气泡会造成许多不太理想的结果，比如：船的螺旋桨转得太快，就会产生真空气泡，这些真空气泡破裂时的冲击波能在金属上留下凹痕，会对旁边的螺旋桨造成损害。

用酒开瓶和高压冲击等现象就叫作气穴现象，遵循牛顿第二运动定律中 $F=ma$，物体加速度 a 的大小跟物体受到的作用力 F 成正比。电流也有惯性[1]，所以电路中也有类似情况发生。可以利用这个现象从低电压中产生大的电击（见《数学力学》，马克·列维著）。

14.2　"它是活的！"

问题：若一重物由多个绳子和弹簧连接至天花板，剪断一根弹簧，重物会吊得更低吗？具体情况如图 14.3 所示，剪短中间的一根弹簧，重物会怎样运动[2]？

1　在电学中被称为电磁感应。

2　迪特里希·布雷斯（Dietrich Braess）在论述交通网络时最先提出了这个悖论。布雷斯发现在交通网络上增加一条路段反而让交通网络上的行驶时间增加（Ueber ein Paradoxen der Verkehrsplannung. Unternehmensforschung 12，1968：258–268）。C.M.庞希纳（C.M.Penchina）和 L.J.庞希纳（L.J.Penchina）的一项模拟交通网络的弹簧机械实验（与图 14.3 类似）论文《机械和交通等网络中的 B 布雷斯悖论》，发表在《美国物理学杂志》2003 年 5 月刊第 479–482 页。谨在此感谢保罗·纳辛（Paul Nahin）指出这些参考文献。

答案:重物会上升。如果将重物固定住后剪断 S,余下两根绳子的张力会增加,而弹簧的张力保持不变。

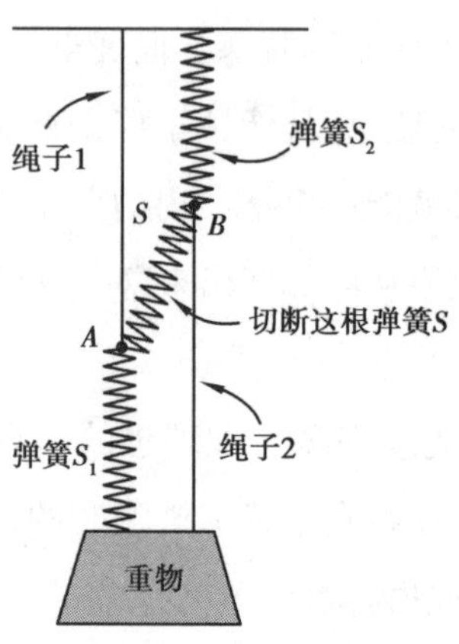

图 14.3 如果剪断中间的弹簧,重物会上升吗?

因此重物被更大的力拉着,如果释放重物,它就会按预测的那样上升。换句话说,弹簧 S 向下拉着点 B,从而向下拉着重物,剪断弹簧 S,重物就会上升。

14.3 被地板"吸"过去的梯子下落时加速度大于 g

意外出现的"吸力":安迪·瑞纳曾观察过这个不寻常的现象,读者可在网上找到讲解视频和相关论文。

如图 14.4 所示,抓住绳梯一端,然后松手,梯子便下落,奇妙的是,从梯子底部接触地面的瞬间开始,梯子其他部分的下落加速度便超过了自由落体的加速度 g,就好像地面把梯子吸了过去一样。为什么会发生这个现象呢?

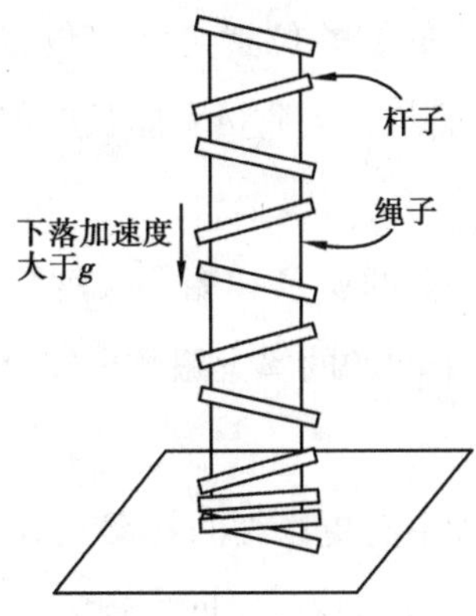

图 14.4　下落的梯子与地板撞击后被地板“吸”向地面

答案:我们来分析单个节点接触地面时的情况。这个过程与铅笔落地类似,铅笔一端撞击地面,就导致另一端加速下落(假设铅笔撞击地面时并非完全垂直)。角度合适的话,梯子的每个节点在落地时也会受到撞击影响,随即拉动空中的绳梯加速下落。

14.4　船上的人与阻力

“船上的人”这一问题的设定标准:有一人站在静止的船尾,向船首走去。此时这艘船相对于河岸会有多少位移?已知船的长度和人与船的质量比值,不计水的阻力[1]。但迪马 · 布拉戈告诉我,该问题的回答有一个巨大的反转。

问题:假设水对船有阻力 F,与船速成正比:$F=kv$,k 为一非零常数。人从船

1　总结一下答案:设 Δp 和 Δb 是人和船相对于地面的位移,这里着重研究 Δb。因为质心不移动,所以 $m\Delta p=M\Delta b$,还有 $\Delta p+\Delta b=L$。求解 Δb 的两方程,得到 $\Delta b=(m/(m+M))L$。这个公式与之前我们的直觉一致:船越重,位移越小;另一方面,若人的质量很大,就能将让船移动几乎整个船身的长度。

尾走到船头这一过程中，船的初始位置与终点位置相距多长？此处所有物体起始时都为静止状态。船与人的质量和船长度都为已知量（m、M、L）。

答案：船会回到起始位置！人的质量和船的长度都不影响结果，摩擦系数 k 的大小也不影响结果。这个问题的答案跟数据完全无关！

运动状态分析（下一段中有更详细的答案）：人向右行走时，船向左运动（见图 14.5）。所以阻力的方向向右，根据牛顿第二定律，船与人整体的质心向右加速，有了向右的运动趋势，即使人停止运动，整体也会因惯性继续向右运动，最终因阻力减速并停止[1]。总结来说就是船向左运动，产生阻力，进而导致船与人整体质心有向右运动的趋势，人停止运动后，整体便向右运动。可以看到船会慢慢回到初始位置。以上的论证还不能解释清楚为什么会有这种奇怪的现象，下一段会有详细的解释。

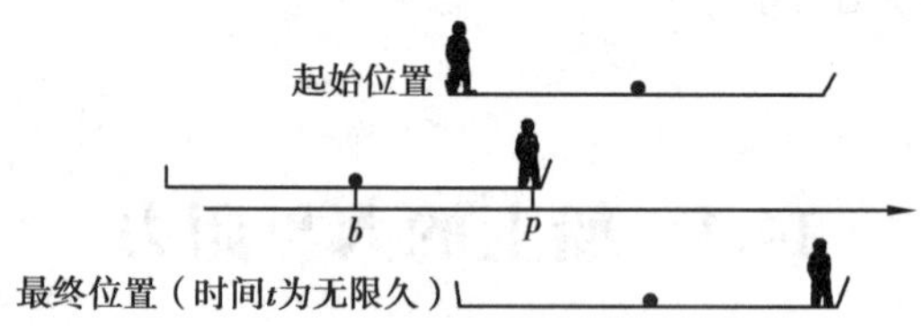

图 14.5 船最终回到起始位置

要想解释这个奇特的现象并不难，但是须要计算一下才清楚。$b=b(t)$ 表示船的质心在时间 t 时的位置（以岸为参考系测量），$p=p(t)$ 是人的位置（被视为一个质点）。船与人整体的质心[2]是两个位置的加权平均数：$C=C(t)=(mp+Mb)/(m+M)$。船的运动适用牛顿第二定律（详见本书附录 A4），得

1 这跟动画片里狗奔跑时脚向后滑动（就像在水上滑动的船）但狗的质心却向前加速一样。动画片里总是出现违背牛顿定律的现象。

2 见附录 A3 对质心的定义。

$$(m+M)\ddot{C}=-k\dot{b}$$

点代表时间导数。将 C 的表达式代入后得到：

$$m\ddot{p}+M\ddot{b}=-k\dot{b}.$$

把这个关系从 $t=0$ 整合到 $t=\infty$。微积分的基本理论[1]给出 $\int_0^\infty \ddot{p}dt=\dot{p}(\infty)-\dot{p}(0)$。但因为各物体起始状态和最终状态都为静止，所以 $\dot{p}(0)=0$，且 $\dot{p}(\infty)=\lim_{t\to\infty}\dot{p}(t)=0$，得 $\int_0^\infty \ddot{p}dt=0$，和 $\int_0^\infty \ddot{b}dt=0$。代入式(14.1)得到

$$0=k(b(\infty)-b(0))$$

这表明只要阻力系数 $k\neq 0$，船的最终位移 $b(\infty)-b(0)=0$。所以 $b(\infty)=b(0)$：船在 $t\to\infty$ 时接近其初始位置。

还有一点非比寻常，只要 $k\neq 0$，k 的数值就不会影响结果。但是 k 会影响船回到初始位置的速度。k 数值越小，所需时间越长，$k=0$ 时船则不会回到初始位置。

14.5　没有尾流没有阻力的幽灵船

接触这一节的主要问题之前，先来一个小问题热热身。

1　详见附录 A10。

思考：假设水为黏度为零的理想液体，船会受到阻力吗？

答案：是波浪吸收了引擎产生的能量，而非黏性。浪花越小，引擎效率越高。为了产生极小波浪而设计出来的船身，就非常高效。

思考：从原理上讲，设计出无尾流的船并非不可能，但只需忽视液体黏性并假设船在原本就无浪的水面匀速航行即可。

答案1（根据安迪·鲁伊纳的设想）：船体由一蜂窝状管道组成，每个管道的进水口和出水口是对齐的，如图 14.6 所示。水从 A 处进入一个典型的管道，从 B 处流出。若黏度为零，这样的船体对水来说是“隐形的”。如果在水中匀速移动，就不会留下任何波纹。

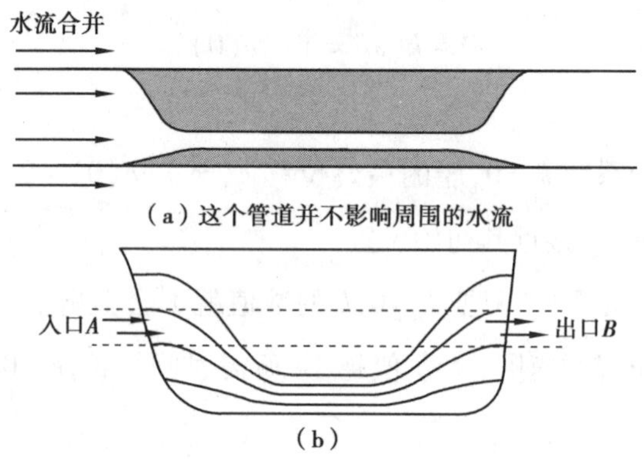

图 14.6 a：管道不会影响水流；b：由这类管道组成的船体不会产生尾流（理想情况）

答案2：为防止产生波浪，人们可以用裙边——一个与水面平齐的圆盘来包围传统的小船——如图 14.7 所示。如果裙边够宽，就几乎不会有波浪。（虽然理论上可行，但一些原因让这方案并不实用，更别说带裙边的船看起来多丑了。）

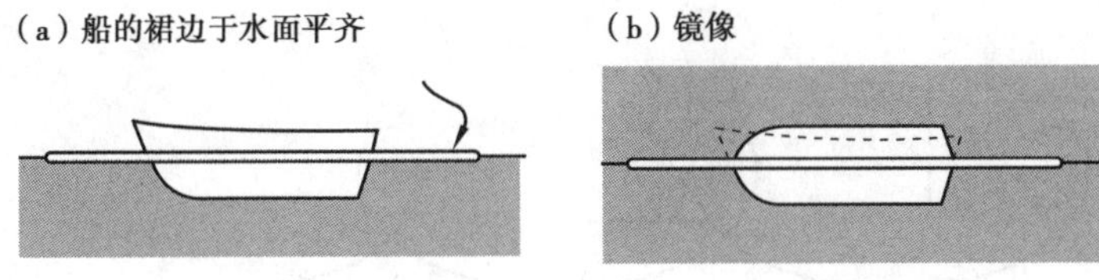

图 14.7　船身周围的裙边抑制波浪,从而减少阻力

达朗贝尔佯谬(或流体动力学悖论)和带裙边的船:约在 1752 年,达朗贝尔发现,若假设理想流体[1]充满整个空间,物体相对于流体以恒定速度运动时,其阻力为零。但让我们把图 14.7 中的水上世界换成镜像的水下世界,此时水就充满了整个空间,镜像后的船也就变成了潜水艇,根据达朗贝尔佯谬,船将不受阻力(理想情况为必要前提)。可以说是裙边使得达朗贝尔佯谬适用,或几乎适用。

14.6　受恒定重力加速度的过山车

有没有一种过山车能让乘客持续受重力加速度的影响呢? 就比如说能让乘客持续受到 $2g$ 的重力加速度(g 为重力加速度)。

问题:设过山车轨道为垂直面上一曲轨,过山车为在此轨道上进行无摩擦滑行的小球,受重力影响。

答案:过山车与乘客能持续受到大于 g 的重力加速度的影响,如图 14.8 所示。给过山车合适的初始速度,乘客(在地面上重 mg)所受重力就会变为 mG。注意近顶端轨道的曲率是造成高离心力的必要条件,可以补偿以下两点对离心力大小带来的负面影响:(1)越靠近顶端速度越慢,导致离心力减小;(2)乘客受地心引力影响被拉离座位。

1　理想流体就是不可压缩、无黏性、无旋流的流体。“无黏性”就是“零黏度”;“无旋流”就是流体微元的旋转角速度都为 0(详见 5.7 节)。读者可以在任意流体力学的书中找到这些术语的详细解释,例如乔治·K.巴切勒的经典著作《流体动力学导论》。

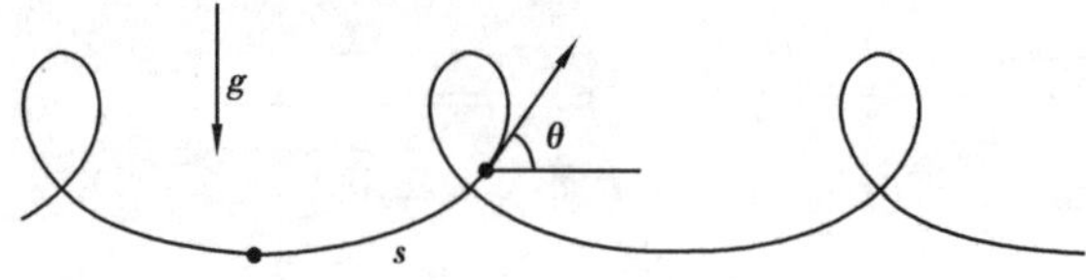

图 14.8 假设将过山车以合适的速度释放，车沿着由开普勒方程计算得出的轨道运动，就会受到持续的重力加速度影响

开普勒方程：有意思的是，实现这持续重力加速度所需要的相对水平方向的偏角 X 满足开普勒方程：

$$\theta - \mathrm{e}\sin\theta = \mathrm{c}s, \mathrm{e} = g/G < 1,$$

式中，c 是与最低点运动速度有关的常数，s 是曲轨弧线长度。常数 c 不同，却能用不同大小的过山车轨道得到同样的重力加速度 G。此已省去问题中开普勒方程所需的微积分计算过程。

而且开普勒方程本身是为研究天文学诞生的，与过山车毫不相干，这真是有趣。

14.7 向小车射击

思考：如图 14.9 所示，将鼓放在小车上，鼓可旋转，小车滑动时不受摩擦力影响。我们来做两个独立的实验，第一个实验里，子弹击中鼓的 A 点，让鼓开始旋转，子弹落入车筐里。整体（车、鼓、子弹）开始运动。第二个实验里，整体相同，只不过子弹击中鼓的 B 点，不会让鼓旋转。第一个实验中，一部分子弹的动能传递给鼓的旋转运动，而第二个实验中，因为鼓不旋转，便有更多子弹的动能转化为其他运动的能量。第二个小车会比第一个小车的运动速度快多少？设子弹与鼓质量相同，小车质量忽略不计。可假设鼓的全部质量都集中在边缘处。

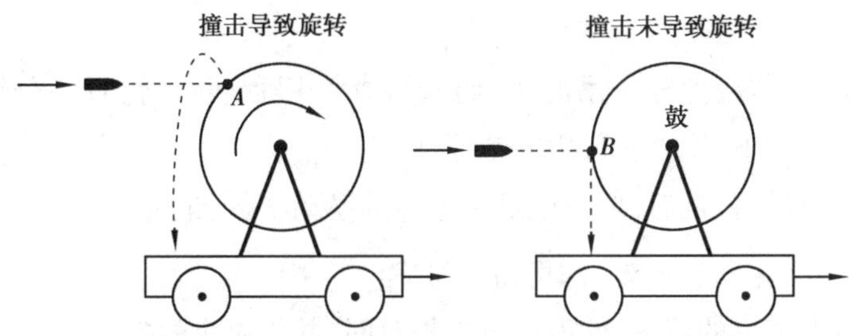

图 14.9 第二个小车会比第一个小车的运动速度快多少?

答案:两车运动速度完全相同!我刚才在实验 2 中故意说错了话,"有更多子弹的动能转化为其他运动的能量",但我没说"其他运动"包含小车的更快速运动,其实应该是转化为了子弹直直撞击鼓时产生的热能。简单来说就是在实验 2 里,额外的热能与实验 1 里旋转的动能完全相等。

对答案的解释:动量守恒定律可以解释为什么两车运动速度一样的现象。因为鼓旋转时每一质点的动量都被另一边相反的质点给抵消了,所以鼓的旋转运动对鼓的动量没有影响。撞击之后鼓旋转与否,整体的动量都不变,为:子弹+小车+鼓,即 Mv,M 为整体质量,v 为撞击后的最终整体运动速度。这个动量全部来自子弹的动量:

$$Mv = mV$$

式中,m 为子弹的质量,V 为子弹在撞击瞬间的速度[1]。这表明小车的速度不会因鼓的旋转与否而改变。

14.8 用鞋子计算$\sqrt{2}$的值

问题:你能只用一个秒表和一只运动鞋算出$\sqrt{2}$的约值吗?

1 此处大写的 M 和 V 代表数值更大的量,小写的 m 和 v 代表数值更小的量。

答案：

第一步：用鞋带把鞋子吊起来，组成钟摆。用秒表计时，看一分钟里鞋子摆动多少下，摆动次数用 n_1 表示。

第二步：对折鞋带后，再次记录一分钟的摆动次数，记为 n_2。

第三步：计算 $\sqrt{2} \approx n_2/n_1$ 即可得出答案。

如果想得出更精确的答案，就得记录更长时间，并用更小的鞋。

详细解释：这个方法背后的原理其实很简单，钟摆进行一次完整摆动的时间 T 为：

$$T = 2\pi\sqrt{\frac{L}{g}}$$

L 是绳长，g 是重力加速度[1]。这里假设钟摆的摆锤为一质点，所以前文中我就提议用更小的鞋子从而得出更精确的答案。现在有两钟摆，长度分别为 L_1 和 L_2，它们的周期便是：

$$\frac{T_1}{T_2} = \sqrt{\frac{L_1}{L_2}}$$

设 $L_1 = 2L_2$，两钟摆在一分钟里的摆动次数分别记为 n_1 和 n_2，得到 $T_1 \approx 1/n_1$ 和 $T_2 \approx 1/n_2$，所以：

$$\frac{n_2}{n_1} \approx \frac{T_1}{T_2} = \sqrt{\frac{L_1}{L_2}} = \sqrt{2}$$

计算其他方根也可以用这个方法，想计算 $\sqrt{3}$ 的值，就把鞋带变为原来的 1/3 长，即 $L_1/L_2 = 3$。

---

1 严格来说，这个公式只能得出个大概值，但对于摆幅较小的摆动来说，还是挺好用的。

附　录

附录包含对本书涉及各理论的简短入门讲解。

A1　牛顿定律

所有的牛顿定律都仅适用于惯性参照系，惯性参照系中的运动都为无加速度无旋转的运动。

牛顿第一定律：一切物体在没有受到外力作用时，总保持静止状态或匀速直线运动状态[1]。

牛顿第二定律：物体受力 F 获得加速度 a，加速度大小与力的大小成正比：

$$F = ma \tag{A.1}$$

1　引自人教版初中教材。——译者注

式中，系数 m 为物体质量，且 a 和 F 都为矢量，如图A.1所示。我们通常将牛顿第二定律式(A.1)的矢量投影在一个特定的方向上，例如在描述直线运动时，只用关注其方向，这样就可以将矢量加速度和矢量力作为标量来分析。

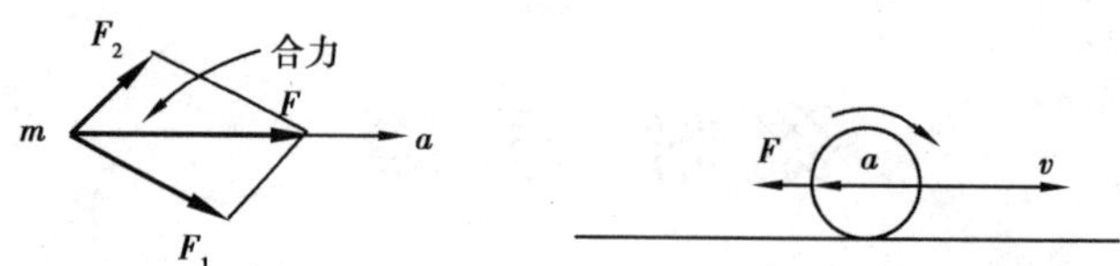

图 A.1 牛顿第二定律

根据牛顿第二定律，$m=F/a$（以标量分析），如果 $a=1$，则 $m=F$，所以让物体获得加速度的力的大小等于质量的大小。人们平常想要让物体加速时恰恰就是在用这个方法，用直觉感受要使用多大的力才能让物体加速。

牛顿第一定律是牛顿第二定律的一个特殊情况，我认为将它分离开来作为第一定律就是因为它特别重要。

使用牛顿第二定律时，忽略式(A.1)中的合力 F 造成的其他力，会产生差错。本书有几个悖论（例如 2.1，4.2，4.4 节）都是基于这个常见的错误。

牛顿第三定律：相互作用的两个物体之间的作用力和反作用力总是大小相等，方向相反，作用在同一条直线上，若物体甲向物体乙施加力 F，物体乙便对物体甲施加力 $-F$（见图 A.2）。

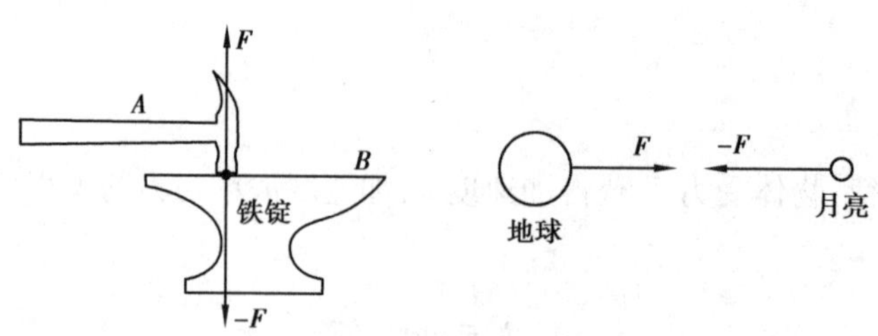

图 A.2 牛顿第三定律

问题：如果在地板上拉动盒子，拉动盒子的力，与盒子反向拉动我的力大小相等。但为什么我能拉动盒子，但盒子拉不动我呢？

答案：问题中有个不显眼的错误，就是没有考虑到所有的力（影响盒子和人的所有力）。如果我拉着盒子匀速运动，地面对脚施加的摩擦力和盒子拉我的力大小相等，处于平衡状态。但在我开始拉动盒子的那一刻（就是我开始加速的时刻），摩擦力的大小大于盒子对我的拉力，从而实现加速。对于盒子来说，它受到的拉力大于地面给它的摩擦力，所以也会获得加速度。这里我们自始至终都没有将我的拉力与盒子对我的拉力进行比较。

A2　动能、势能、功

功也叫机械功，想要知道什么是动能，什么是势能，就必须先了解什么是功。

A2.1　功

有一恒力 F 推动一物体移动了 D 长度的距离，如图A.3所示。功 W 就是力与物体在力的方向上通过的距离的乘积：

$$W = FD \tag{A.2}$$

如果这个力的方向与物体运动方向不同呢？这时就需要改动上面的公式，只计算运动方向上的力的大小：

$$W = F_1 D = F\cos\theta D \tag{A.3}$$

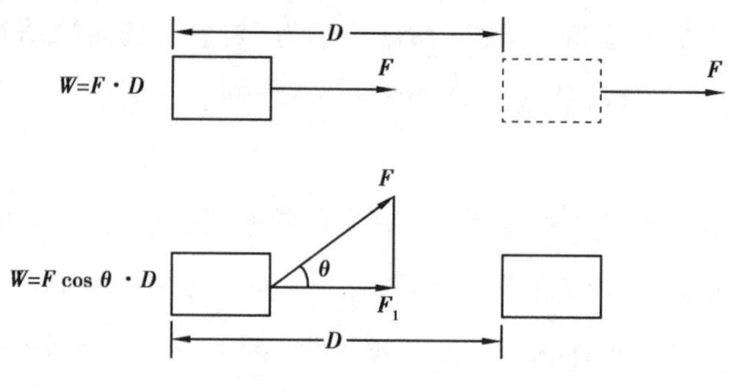

图 A.3 机械功的分析图

例子:如果将一物体(重 $F=mg$)竖直向上抬起,抬起的高度为 H,就必须施加大小等于 mg 的力,并在同方向上运动 H 的距离,从而得到所做功为 mgH,如图 A.4。如果将物体从斜坡拉到同等高度,施加的力 F_1 小了,但施加的距离增长了,$D_1=H/\sin\theta$。这时所做的功 $W_1=F_1D_1$,但 $\sin\theta$ 互相抵消,还是 $W_1=W=mgH$。这太可惜了,不然这就是我们发现的新型永动机。想象一下如果真有 $W_1>W$ 的话,把混合动力车放在 C 点,它会自己溜到 A 点,在途中用功 W_1 充电(假设无损耗),从 A 点行驶到 B 点(地面平滑,不消耗能量),接着将车从 B 点抬升到 C 点,这一段做的功 $W<W_1$。完成一趟后却获得了多余的能量:W_1-W,天下哪有这么好的事儿啊,一看就是假的。

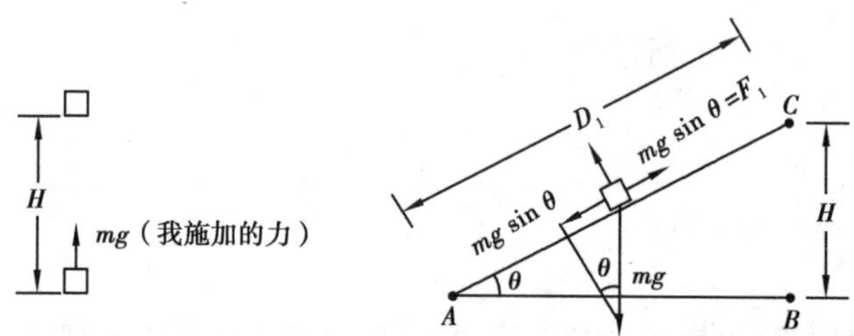

图 A.4 在地球重力影响下,将物体从 A 点移动到 C 点所做的功与路径无关

在通常情况中,力的大小不恒定,力的方向也变化多端,运动的路径也不是直线,该怎么计算功的大小呢?我们会把路径分为多个阶段,每个阶段中的路径接近直线,其中的力也接近恒定,所以此时就能应用式(A.3)精准

计算每个阶段的功了。接着把各个阶段的功加起来,就得到了总功。对运动路径的每个阶段分析得越详细到位,算得的总功[1]就越准确。

A2.2　动能

动能是一物质从静止状态加速到速度 v 所需的功[2],定义式为 $K=mv^2/2$。使用恒力 F 将质量为 m 的物体从静止加速到速度 v(本段结尾处 F 的值会被抵消)。动能为

$$K = F \cdot D \tag{A.5}$$

式中,D 为运动的距离,F 为施加的恒力。注意这里需要用 m 与 v 单独表示 F,才能在后面将 F 抵消,有:

$$F = ma = m\frac{v}{T}$$

T 为让物体加速到 v 的时间,$D=v_{均}T=[(0+v)/2]/T=(v/2)T$。将上式后两项代入式(A.5)中可得:

$$K = F \cdot D = \left(m\frac{v}{T}\right) \cdot \left(\frac{v}{2}T\right) = \frac{mv^2}{2}$$

这里我们能看出速度 v 平方的原因:在式(A.5)中恒力 $F=m(v/T)$ 与距离 $D=(v/2)T$ 与 v 成正比,当 T 不变时,恒力 F 越大,速度 v 越快,同时距离 D

1　正规表达式为:

$$W = \int_C F \cdot dr = \int_C F\cos\theta ds \tag{A.4}$$

式中,s 为路径 C 的总长度。

2　此定义是建立在功不受其他因素影响的假设条件之上的,如果在很长的时间内施加微弱的力,或在非常短的时间内施加更大的力,或甚至此力是变力,那在这种情况下假设不成立,功不受其他因素影响。如果将时间切分为多个微小阶段,把每个阶段的功加起来,得到的最终答案与我们假设力恒定时的答案相同。

越长，两个因素共同作用导致了速度 v 的平方。$mv^2/2$ 中的分母 2 是 $v_{均}=v/2$ 中的 2。

A2.3 势能

一物体在一力场中位于 A 点，势能是将此物体从参照点 O 移动到 A 点所需的功。也就是克服场力将物体从 O 点移动到 A 点所需的功。

例 1：设参照点 O 在地面，根据上述定义，质点在 A 点（距地面高度 H）的势能是把质点从点 O 移动到 A 点所做的功，即 mgH（解释见附录 A2.1）。

例 2（涉及微积分）：设太阳引力场中彗星的点 O 为无穷远，彗星与太阳中心距离为 r。慧星的势能就是对抗太阳引力所做的功，引力 $F=k/x^2$（x 为物体距太阳中心的距离），x 从 ∞ 变化到 r：

$$P(r)=\int_{\infty}^{r}\frac{k}{x^2}dx=-\frac{k}{r} \tag{A.6}$$

减号表现了在质点从 ∞ 到 r 时，我们必须施加与运动方向相反的力，也就是说在这样的运动中引力替我们做功。与例 1 对比可知，式（A.6）相当于在说低于地面的质点其势能为负值。

图 A.5 为彗星势能的漏斗状图。

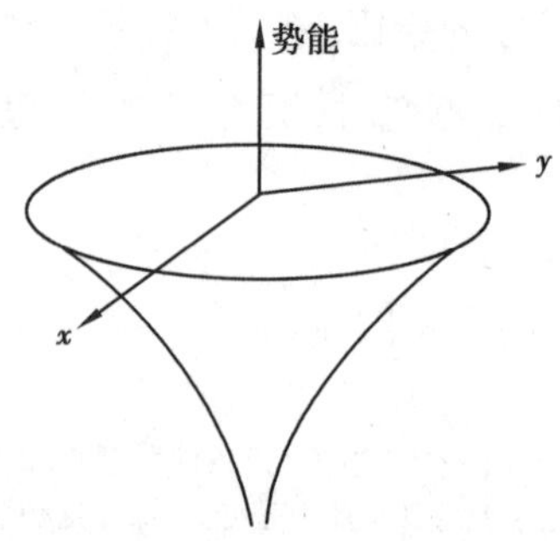

图 A.5 恒星引力场中彗星的势能

由于可以自由选择参照点 O 的位置,势能便是一个相加性常数。例如我们可以计算房间里的一个球相对于地面的势能,或者相对于桌面的势能,所得结果会相差一个常数。

保守力场:上述对势能的定义中,有假设功与物体从点 O 到点 A 的路径无关。这个假设在引力场、静电场等保守力场中可以适用。但在有些力场中,运动轨迹和功的大小紧密相关,以图 A.6 为例[1]。在非保守力场中,势能这一概念没有意义。我们可以从非保守力场中汲取能量。在图 A.6 中,沿路径 *ABCDA* 所做的功为正。如果可以通过某种固定的电荷排列方式来创造这样的力场,那就能得到一个无尽的能量源泉。

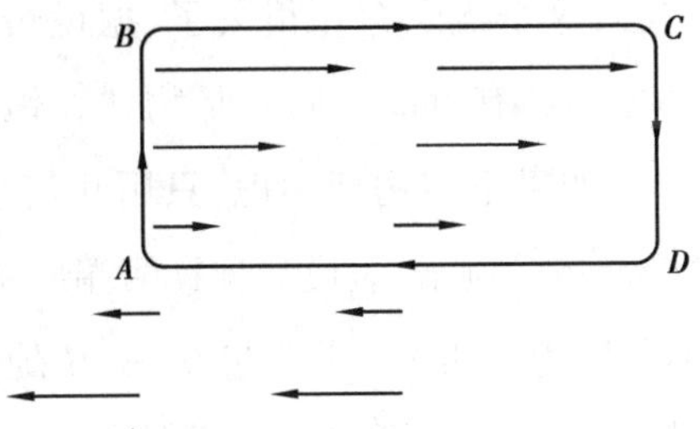

图 A.6　一种非保守力场

A2.4　能量守恒

假设一个质量为 m 的粒子,在保守力场中(例如围绕太阳的彗星,地球上的抛射物,忽略空气阻力)。粒子运动,其动能 K 与势能 P 各自变化,但两者之和始终保持不变:

$$K + P = 常数 \tag{A.7}$$

1　实际上保守力场是特殊的,这种立场中功与物体运动所经过的路径无关。

符合牛顿第二定律，并且假设为保守力场[1]。

彗星的能量守恒为：

$$\frac{mv^2}{2} - \frac{k}{r} = E = \text{常数}$$

还有一点跟直觉相符：距离 r 减小则速度 v 加快。

A3　质心

质心，即质量的中心，这个概念存在很久了，据说最早由阿基米德在两千四百年前提出，甚至更早都有可能。质心是物体在恒定引力场中能被悬吊起来保持平衡的点[2]。如果不用物理知识，只用几何学原理，也可以确定物体的质心位置。举个简单的例子，假设一哑铃两端质量分别为 m 和 M，将其放置在 x 轴上，坐标分别为 x 和 X。设质量 m 和 M 的值为整数，再假设 x 处有 m 个硬币，X 处有 M 个硬币。将每个硬币的坐标加起来再除以硬币总数量，即可得到坐标的平均值：

1　下面为在标量情况下对式（A.7）的微积分解释。在牛顿第二定律公式 $ma=F$ 的两边乘 $v=\dot{x}$（点代表时间导数），得：

$$m\ddot{x}\dot{x} = F(x)\dot{x}$$

等于：

$$\frac{\mathrm{d}}{\mathrm{d}t}\left(m\frac{\dot{x}^2}{2} - \int_0^x F(s)\,\mathrm{d}s\right) = 0$$

得出 $-\int_0^x F(s)\,\mathrm{d}x = \int_0^x(-F(s))\,\mathrm{d}s$ 是势能的准确值，也就是对抗力 F 把质点从 0 移动到 x 处要做的功。减号就是“对抗”力 F 的体现。最后得到：

$$\frac{mv^2}{2} + \int_0^x(-F(s))\,\mathrm{d}s = K + P = \text{const}$$

2　非恒定引力场中物体的方向会影响平衡点的位置，所以这里我们不去寻找非恒定引力场中的平衡点。

$$\text{C.M.} = \frac{\overbrace{x + \cdots + x}^{m} + \overbrace{X + \cdots + X}^{M}}{\underbrace{m + M}_{\text{硬币总数}}} = \frac{mx + MX}{m + M}$$

一般情况下，N 个 m_i 中，$1 \leqslant i \leqslant N$，各位于坐标 x_i 处，同样可得质点的位置矢量：

$$\bar{x} = \frac{1}{m} \sum m_i x_i, m = \sum m_i \tag{A.8}$$

从式(A.8)可得到另一个公式：

$$\bar{x} = \sum \frac{m_i}{m} x_i$$

质量中心的位置是每个粒子位置的加权平均值，是根据每个质量在总质量中所占的比例而定的。

A4　动量

单一粒子的情况：质量为 m 的物体受到恒力 F，获得恒定加速度 a，有：

$$F = ma \tag{A.9}$$

在 Δt 时间内，加速度 a 是每单位时间内速度的变化量[1]，物体的速度变化

1　若加速度 $a = a(t)$ 非恒定，上述公式就需要变化，$\Delta v = \bar{a}\Delta t$，$\bar{a}$ 是加速度的平均值，$\bar{a} = (1/\Delta t)\int_{t_1}^{t_2} a(t)\,\mathrm{d}t$，式中，$\Delta t = t_2 - t_1$。

为：$\Delta v = a\Delta t$。将牛顿第二定律公式式(A.9)两边都乘 Δt，并把 $\Delta v = a\Delta t$ 代入式(A.9)中，得：

$$m\Delta v = F\Delta t \text{ 或：} mv_2 - mv_1 = F\Delta t \tag{A.10}$$

式中的矢量 mv 就是物体的动量，能表现出物体运动的方向和程度。

本书大部分例子里的运动都是沿着一条线的运动，所以我们就把它们当作标量来处理。

问题：现有一虚掩着的门，子弹射穿门，向门施加了巨大的力，门却只会微微移动。但用手指轻轻一推，门就开了，这是怎么回事呢？

答案：因为手指与门的接触时间更长，所以给了门更大的动量：

$$F_{\text{手指}}\Delta t_{\text{手指}} > F_{\text{子弹}}\Delta t_{\text{子弹}}$$

(问题里不涉及动量的方向，所以这里我们将动量视为标量。)同样的现象也出现在撕卷纸上，一下子扯一节，卷纸就只会微微转动，但如果像无知的小孩那样慢慢撕的话，就会让卷纸转动好多圈都扯不下一节纸。

多粒子的情况：到目前为止，我们只讨论了牛顿定律适用于质点的情况。但像有两个质量的哑铃、航天飞机，甚至是猫之类的复杂运动系统，都可以被看作是许多质点的集合。每个质点都可能与其他质点相互作用，也会受到外力的影响。这样考虑时，任何粒子集合的质量中心都表现为单一的质点，并符合牛顿第二定律[1]：

1　假设为一质点。

$$F = m\bar{a} \tag{A.11}$$

式中,m 是总质量,F 是所有外力的总和,$\bar{a}$是质量中心的加速度。注意 F 不包括内力,即运动系统中粒子之间的相互作用力。这是因为根据牛顿第三定律,这些力都被抵消了。

推演式(A.11):这个公式相当于把每个粒子的牛顿定律的表现叠加,然后用牛顿第三定律来抵消粒子之间的相互作用力。第 i 个粒子受到外力,除了它自己之外的所有其他粒子受力总和为:

$$m_i\mathbf{a}_i = \mathbf{F}_i^{\text{ext}} + \sum_{j\neq i}\mathbf{F}_i^j$$

此处 F_i^j是第 j 个粒子对第 i 个粒子施加的相互作用力[1]。根据牛顿第三定律,有 $F_i^j = -F_j^i$,且 F_i^j 和 F_j^i 都只出现一次,所以叠加上述公式时,每个相互作用力都抵消了。抵消后得到:

$$\sum m_i\mathbf{a}_i = \sum \mathbf{F}_i^{\text{ext}} = \mathbf{F}$$

代入式(A.12)后,得到的结果与式(A.11)相同。

"捆绑"所有的粒子:任何系统的动量都等于其质心的动量,包含所有粒子的总动量。

论证:稍微变动有关质心的式(A.8),得:

$$m\bar{\mathbf{x}} = \sum m_i\mathbf{x}_i \tag{A.12}$$

1 字母上标说明了力的来源。

进而得到：

$$m\bar{\mathbf{v}} = \sum m_i \mathbf{v}_i$$

证明上述理论正确。等号左侧是算入总质量质心的动量，等号右侧是整个运动系统的动量。

牛顿第二定律对多粒子系统有个推论，如后文所示：

动量守恒定律：如果一个粒子系统所受的外力之和为零——$F=0$，那么该系统的质量中心要么静止，要么以恒定的速度移动。

A5 力矩

假设向点 A 施加力 F，点 O 为已知支点。根据定义，F 相对于支点 O 的力矩是 OA 之距和垂直于 OA 线段的力 F 分量的乘积：

$$T = OA \cdot F_{\perp} = OA \cdot F \sin\theta \tag{A.13}$$

力矩表现了转动力度的大小。因为 O 与力 F 所在方向的垂直距离是 $OA \sin\theta = D$，代入式（A.13）可得：$T = F(OA \sin\theta)$，或：

$$T = FD \tag{A.14}$$

距离 D 为图 A.7 中所示。也可以将力矩定义为：力 F 和力方向与支点的垂直距离 D 的乘积。上述定义中力矩是标量，但其实力矩也可以是矢量，定义如图 A.7 所示。

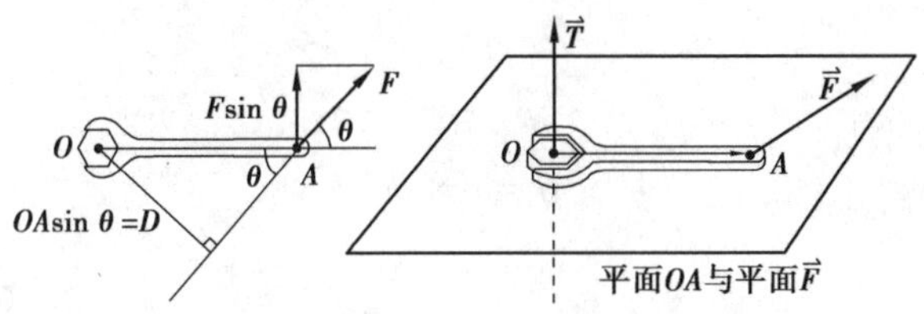

图 A.7　力矩的定义

原本就存在一"旋转轴",垂直于纸面,即矢量$\overline{OA}$和力 F 的定义的平面。沿旋转轴所在的直线定义一理想方向,该方向与右旋螺丝旋转时前进的方向相同,其大小由式(A.13)定义。也就是说力和杠杆的矢量积就是力矩:

$$\mathbf{T} = \overline{OA} \times \mathbf{F} \tag{A.15}$$

正是前文中的相关论证,推导出了力矩的定义。

A6　角动量

角动量 M 是旋转的动量。质点 m 位于 P 点,相对于 O 点的角动量为 $r(mv_{\perp})$,其中 r 是 P 点到 O 点的距离,$v_{\perp}$ 是垂直于 OP 方向上的速度分量。

数学家们给角动量赋予了方向,让它成了矢量。前文定义的是角动量的大小。将"旋转轴"[1](与位置矢量 r 和速度矢量 v 垂直的直线)的方向认定为角动量的方向,如图 A.8 所示。

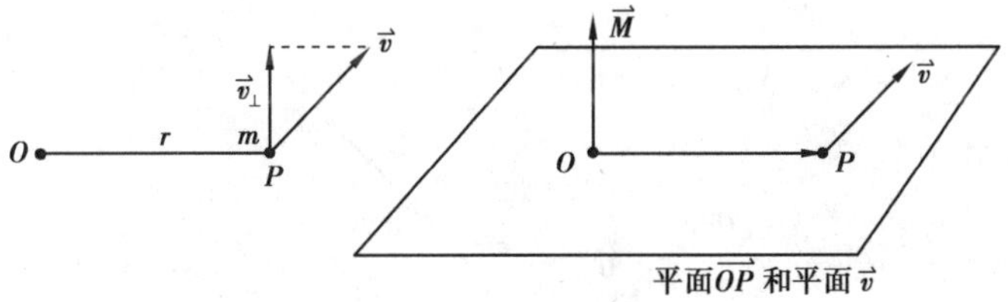

图 A.8　角动量的方向

1　物体不一定只能做圆周运动,也可以做直线运动,或其他曲线运动。

公式为：

$$M = r \times mv$$

式中，r 为位置矢量，v 是速度矢量，两者的乘积是矢量积。前两段内容其实用微积分和解析几何解释了矢量积（也可以成为向量积）的定义。可见上述公式中的第二个因数是动量。因此，角动量是位置矢量和动量的矢量积。

由多粒子组成的系统，角动量为各个粒子的角动量之和：

$$M = \sum \boldsymbol{r}_i \times m_i \boldsymbol{v}_i \tag{A.16}$$

角动量守恒：如果一个粒子系统的外部力矩之和为零，那么该系统的角动量是恒定的。

猫在空中时如果我们不去碰它，猫的角动量就不会变，但猫在腾空时会扭动身体（忽略空气阻力）。

在证明理论之前，还需要搞清一个关键点：内力力矩——系统中粒子互相施加的扭力——被抵消了，把每个粒子的力矩叠加起来时，合力就只剩下外力力矩了，如图A.9所示。力 $F_i^j = -F_j^i$ 位于由原点 O 和两个质量 m_i 和 m_j 定义的平面内。显然这两个力围绕 O 点施加的力矩方向是相反的（都垂直于纸面）。为了证明这些力矩互相抵消，我们只需证明它们大小相等即可。根据式（A.14），力矩的大小为 $T_{ji} = DF_{ji}$ 和 $T_{ij} = DF_{ij}$，尤其要注意对这两个力来说，距离 D 是相同的（见图 A.9）。由牛顿第三定律可知 $F_{ij} = F_{ji}$，继而得到力矩的大小是相等的。这就证明了内力力矩是互相抵消的。

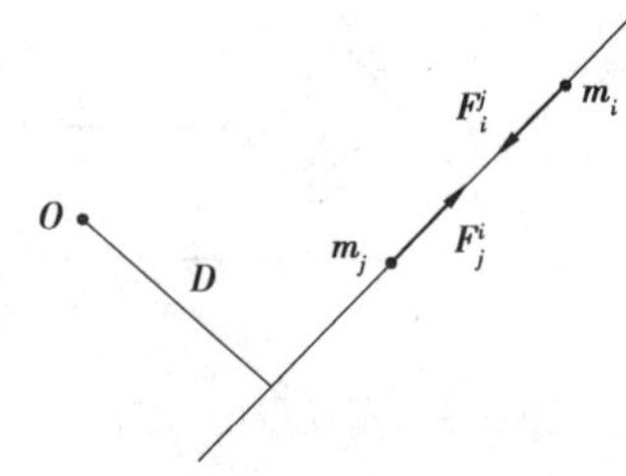

图 A.9 力矩互相抵消

现在我们来看看角动量守恒定律的证明过程。为了证明 M 是一个常矢量，我们在式(A.16)中求 M 的时间导数：

$$\frac{\mathrm{d}\mathbf{M}}{\mathrm{d}t}=\sum(\underbrace{\mathbf{v}_i\times m_i\mathbf{v}_i}_{0}+\mathbf{r}_i\times\underbrace{m_i\mathbf{a}_i}_{F_i})=\sum\mathbf{r}_i\times\mathbf{F}_i \tag{A.17}$$

此处 F 代表作用在第 i 个粒子上的合力，其中包括外部的力和系统中其他粒子的相互作用力，继而得到：

$$\mathbf{r}_i\times\mathbf{F}_i=\mathbf{r}_i\times\mathbf{F}_i^{外}+\sum_{j\neq i}\mathbf{r}_i\times\mathbf{F}_i^j$$

最后一项是质点上所有力矩的总和。将上式代入式(A.17)，根据前文，这些内力力矩相加并抵消，只剩下：

$$\frac{\mathrm{d}\mathbf{M}}{\mathrm{d}t}=\sum\mathbf{r}_i\times\mathbf{F}_i^{外}=\mathbf{T} \tag{A.18}$$

T 是外力作用的力矩之和。$T=0$ 的特殊情况发生时，得出结论 M 为常矢量。至此，我们证明了，当外力力矩之和为零时，角动量守恒。

式(A.18)表现了牛顿第二定律的转动形式。

A7 角速度与向心加速度

角速度：某点以 O 点为圆心做圆周运动，角速度 ω 是半径和固定运动方向所形成的角度 θ 的变化率(见图 A.10)。

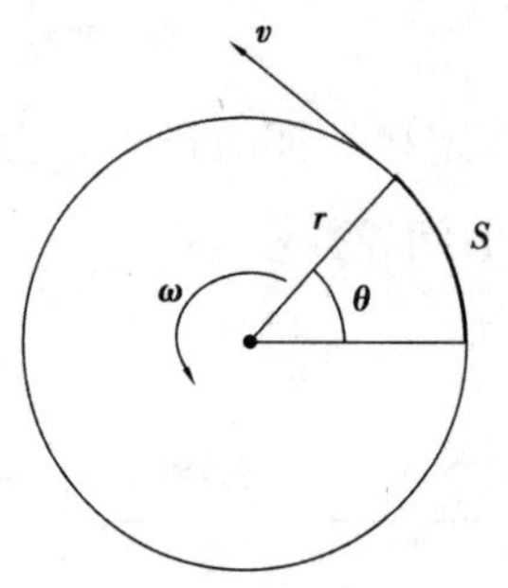

图 A.10 角速度公式分析图

角速度与速度：某一点做圆周运动，其角速度为 ω，则该点的速度由以下公式得出：

$$v = \omega r \tag{A.19}$$

式中，r 是圆的半径。这个公式是从角度量的定义中推出的，回想一下，弧的角度 θ 是弧的长度 s 除以圆的半径，即 $\theta = s/r$，得：

$$s = \theta r$$

由于 s 和 θ 成正比，它们变化率的系数也就相等，由此证明式(A.19)正确。

向心加速度：以恒定速度运动的点是否加速度为零？除非该点在一条直线上移动，其他情况下该点的加速度不为零。加速度可以由运动方向的改变而产生。严格来说，加速度是速度矢量的变化率，加速度本身就是一个矢量。对于一个以恒定速度做圆周运动的点，加速度指向中心，大小为：

$$a_c = \omega v \tag{A.20}$$

这个问题解释起来很简单,将公式 $v=\omega r$——并非应用于实际的圆轨迹,而是应用于由速度矢量前端组成的圆(平行移动到一个轨迹中,让矢量尾部始终都在原点)。下面是详细情况(见图 A.11)。

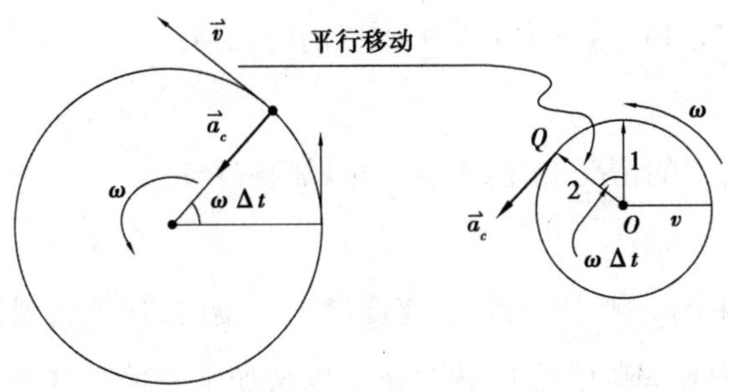

图 A.11 探寻向心加速度

所有速度矢量 v 的尾部被移到原点,v 的尖端 Q 以角速度 ω 在半径为 r 的圆中做圆周运动(因为 v 和 r 的方向始终垂直)。
因此,根据式(A.19),应用于平移后的速度圆,得到:

$$\underbrace{(v_Q)}_{a_c} = \omega\,\underbrace{(\text{速度为 } v \text{ 时圆的半径})}_{v}$$

或 $a_c=\omega v$,由此证明式(A.20)正确。

等效公式:将式(A.19)代入式(A.20),可以得到替代公式

$$a_c = \omega^2 r = \frac{v^2}{r} \tag{A.21}$$

这个公式更常用,但式(A.20)更基本,且略微简单。

问题：当汽车在坡道上行驶时，轮胎以一定的力抓住路面，使汽车保持在坡道上行驶的运动状态。如果把汽车的速度提高一倍，这个力会发生什么变化？

答案：根据式（A.21），这个力会增大到以前的三倍。

思考：不参考公式的情况下，能否想出直观的解释？

答案：能。有两个影响因素：首先，速度增加一倍时，速度矢量的长度增加了一倍。其次，在此基础上，它的转弯速度也增加了一倍。这就让这个矢量前端的速度增加了两倍，这个速度正是向心加速度。

A8　离心力和向心力

坐着旋转木马，或坐车在高速公路上沿着倾斜的弯道转向，会感觉到被一股无形的力量拉转向外侧。这是一种虚构的力量，因为没有人把我们拉向圆周外侧——相反，这是一种幻觉，由于惯性直行的倾向而造成，与汽车的转向相冲突。这个虚构的力被称为离心力[1]。然而，乘客在远离中心的方向上对汽车施加的力是实实在在的。尽管这不是施加在乘客身上的力，但可以被称为离心力。

汽车施加在乘客身体上的力让人做圆周运动。这个力指向圆心[2]。这个切实存在的力被称为向心力。根据牛顿第二定律，这个力是 ma_c，其中 a_c 是由式（A.21）给出的向心加速度。即可知向心力由以下公式给出：

1　"逃离中心的人"。"effugen"是拉丁语，意思是"逃离"。

2　以恒定的速度行驶，既不加速也不减速。

$$F_C = ma_c = \frac{mv^2}{r}$$

A9 科里奥利力、离心力、复指数

背景：这一节里我将用复数和简单的微积分，快速说明科里奥利力和离心力产生的过程。计算所需的微积分和复数知识如下：

1. 复数 $a+ib$ 就是平面上的点 (a,b)，x 轴上的点用实数来标注，所以实数是复数的子集，因此得到 $(a,0)=a$。
2. 正 x 轴与 (a,b) 的位置矢量之间的角度为 $a+ib$ 的参数，到原点的距离 $\sqrt{a^2+b^2}$ 为 $a+ib$ 的绝对值。
3. 根据定义可知，两个复数相乘，就是把它们的参数相加，再把它们的绝对值相乘。例如 $i=(0,1)$，参数是 $\pi/2$，绝对值是 1，所以 $i^2=i$ 的参数为 $\pi/2+\pi/2=\pi$，其绝对值为 $1\times1=1$，得 $i^2=(-1,0)\equiv-1$。
4. 复指数 e^{is} 为单位圆上的点 $P(s)$，以原点为中心，沿圆周与正 x 轴的距离为 s，如图 A.12 所示。设 sin 和 cos 为 $P(s)$ 的坐标，根据定义得：

$$e^{is} = \cos s + i \sin s$$

这个著名的公式由欧拉提出。欧拉还有许许多多别的数学发现。

如何让点旋转？若 Z 是平面上的一个点，那么 $e^{i\theta}Z$ 是将 Z 绕原点旋转 θ 后得到的点。$e^{i\theta}$ 的长度是 1，参数是 θ。所以 Z 乘 $e^{i\theta}$ 并不改变 Z 的长度，而是在 Z 的参数上加 θ，从而将 Z 旋转了 θ。下文就会用到这个知识。

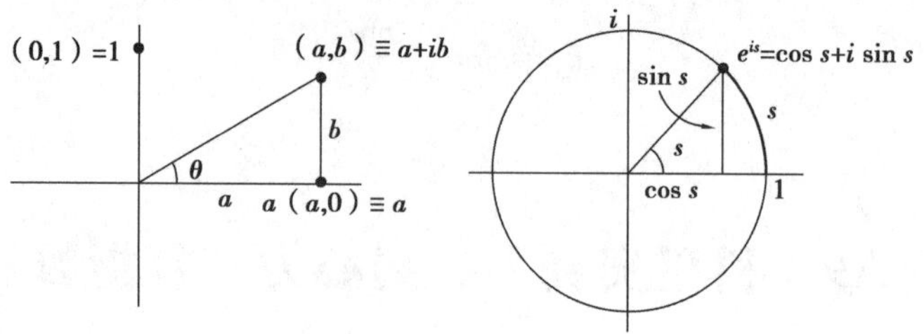

图 A.12 复数与复指数

一次性推导科里奥利力和离心力：假设人在旋转的平台上行走，地面上画有坐标系(x,y)，平台上画有另一个坐标系(X,Y)，共同的原点在平台中心，如图 A.13 所示。$t=0$ 时，两者重合；$t>0$ 时，平台的坐标系旋转 ωt 角度。设$Z=(X,Y)=X+iY$ 在时间 t 时是平台上的一个点，地面坐标系中的同一个点将围绕中心转 ωt 角度，所以根据前文，这个点在地面坐标系中的位置是：

$$z = \mathrm{e}^{i\omega t} Z \tag{A.22}$$

接着计算该点的加速度，复指数的微分规则与实指数相同，将所有项结合后微分两次，得：

$$\ddot{z} = \mathrm{e}^{i\omega t}(\ddot{Z} + 2i\omega\dot{Z} - \omega^2 Z)$$

从而得到粒子在旋转系中的视加速度：

$$\ddot{Z} = \underbrace{\mathrm{e}^{-i\omega t}\ddot{z}}_{\text{实际的力}} \underbrace{-2i\omega\dot{Z}}_{\text{科里奥利力}} + \underbrace{\omega^2 Z}_{\text{离心力}}$$

除了实际的加速度之外，旋转运动的观察者将感受到科里奥利和离心加速度。注意 $i\dot{Z}\perp\dot{Z}$，所以科里奥利加速度确实是垂直于速度的，证实了我们的直观讨论。

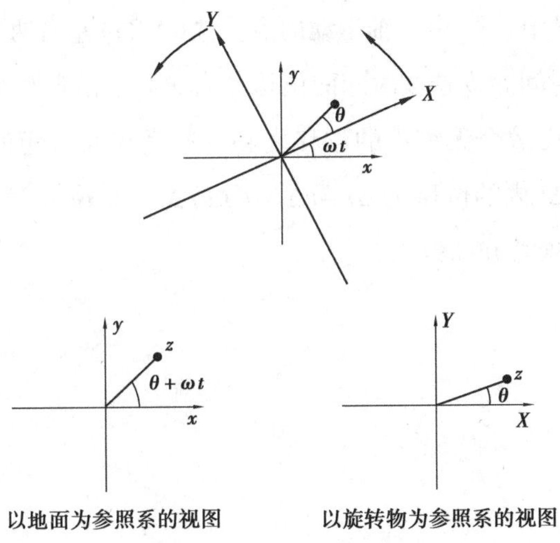

图 A.13　用复数计算的科里奥利力和离心力

A10　微积分的基本定理

函数 f 有连续导数，在区间 $[a,b]$ 上满足：

$$\int_a^b f'(t)\,\mathrm{d}t = f(b) - f(a) \tag{A.23}$$

任何连续的函数 f，也有等效公式：

$$\frac{\mathrm{d}}{\mathrm{d}x}\int_a^x F(t)\,\mathrm{d}t = F(x) \tag{A.24}$$

每本讲微积分的书对此原理都有详细解释，这里就不重复了，后文有对式(A.23)的直观解释[1]。

1　比如说李维斯所著《数学力学》中就有对此原理的几何学解释。

把 $x=f(t)$ 看作一个沿 x 轴运动的点。式(A.23)左右两边表示了该点在从时间 $t=a$ 到时间 $t=b$ 这段时间的位移。右边是点从起始坐标到终点坐标的位移,左边是无数个无穷小的位移之和。速度在非常短的时间内几乎保持不变[1],所以 Δt 内的位移是 $\Delta x=v\Delta t=f'(t)\Delta t$。总位移就是 Δt 趋近 0,项为无穷多时,各项总和的极限。

1 已经假设 f' 为连续函数,所以在很短的间隔中相当于没有变化。

参考文献

V. I. Arnold, *Mathematical Methods of Classical Mechanics*. New York: Springer Verlag, 1980.

G. K. Batchelor, *An intoduction to Fluid Dynamics*. New York: Gambridge University Press, 1967.

D. Braess, *Ueber ein Paradoxon der Verkehsplannung* ("A paradox of traffic assignment problems), *Unternehmensforschung* 12 (1968). pp.258-268.

L. C. Epstein, *Thinking Physics. Practical Lessons in Critical Thinking*. San Francisco: Insight Press, 1992.

H. G. Goldstein, *Classical Mechanics*. Reading, MA: Addison-Wesley, 1950.

A. Grewal, P. Johnson, and A. Ruina, A chain that accelerates, rather than slows, due to collisions: how compression can cause tension, *AmericanJournal of Physics* 79, (7), July 2011: p. 723.

C. P. Jargodzki and F. Potter, *Mad abour Physics: Braintwisters, Para-doxes, and Curiosiries*. New York: John Wiley & Sons, 2001.

L. D. Landau and E. M. Lifshitz, *Mechanics*, 3rd ed. Oxford: Butterworth-Heinemann, 2002.

M. Levi, *The Mathematical Mechanic: Using Physical Reasoning to Solve problems.* Princeton, NJ: Princeton University Press, 2009.

M. Levi, *Physica* D 132 (1999), p.158.

P. V. Makovetsky, *Smotri v koren*, 3rd ed. Moscow, 1976.

M. Minnaert, *The Nature of Light and Color in the Open Air*: New York: Dover, 1954. Translated and revised edition, *Light and Color in the Ouidoors*, New York: Springer-Verlag, 1993.

M. M. Michaelis and T. Woodward, *American Journal of Physics* 59(9)(1991) pp.816-821.

J. Munkres, *Topology*. Upper Saddle River, NJ: Prentice-Hall, 2000.

P. Nahin, *Number Crunching. Taming Unruly Computational Problems from Mathematical Physics fo Science Fiction.* Princeton, NJ: Princeton University Press, 2011.

Yu. I. Neimark and N.A. Fufaev, *Dynamics of nonholonomic systems.* Translated from the Russian. Providence, Rl: American Mathematical Society, 1972.

C. M. Penchina and L.J. Penchina, The Braess paradox in mechanical, traffic, and other networks, *American Journal of Physics* (May 2003) pp.479-482.

Ya. Perelman, *Physics for Entertainment*, Books 1 and 2. Moscow: Foreign Languages Publishing Housc, 1962-1963.

E. J. Routh, *Dynamics of a System of Rigid Bodies*, Part 2, 4th ed. London: MacMillan and Co., 1884, pp.299-300.

A. Stephenson, On a new type of dynamical stability, Manchester Mem-oirs 52 (1908), p.110.

J. Walker, *The Flying Circus of Physics.* New York: John Wiley & Sons, 2007.

G. H. Wolf. *Physical Review Letters* 24 (1970). pp. 444-446.

图书在版编目(CIP)数据

猫为什么总能四脚着地：有趣的物理学悖论和谜题 / (美) 马可·利维 (Mark Levi) 著；曾早垒，梁萌，张恒译. -- 重庆：重庆大学出版社，2023.9

(微百科系列)

书名原文：Why Cats Land on Their Feet：And 76 Other Physical Paradoxes and Puzzles

ISBN 978-7-5689-4161-7

Ⅰ.①猫… Ⅱ.①马…②曾…③梁…④张… Ⅲ.①物理学—普及读物 Ⅳ.①O4-49

中国国家版本馆 CIP 数据核字(2023)第 164532 号

猫为什么总能四脚着地：有趣的物理学悖论和谜题

MAO WEISHENME ZONGNENG SIJIAO ZHAODI：YOUQU DE WULIXUE BEILUN HE MITI

[美]马可·利维(Mark Levi) 著

曾早垒 梁 萌 张 恒 译

策划编辑：王 斌

责任编辑：赵艳君 版式设计：赵艳君

责任校对：王 倩 责任印制：赵 晟

*

重庆大学出版社出版发行

出版人：陈晓阳

社址：重庆市沙坪坝区大学城西路 21 号

邮编：401331

电话：(023)88617190 88617185(中小学)

传真：(023)88617186 88617166

网址：http://www.cqup.com.cn

邮箱：fxk@cqup.com.cn(营销中心)

全国新华书店经销

重庆市正前方彩色印刷有限公司印刷

*

开本：720mm×1020mm 1/16 印张：10.75 字数：173 千

2023 年 9 月第 1 版 2023 年 9 月第 1 次印刷

ISBN 978-7-5689-4161-7 定价：58.00 元

版贸核渝字(2022)第 104 号